棋惠的
感烘焙

神手媽媽的烘焙筆記
50道零基礎也學得會的麵包×餅乾×塔派×蛋糕

張棋惠——著

推薦序

推薦人1

我的胃完全被她征服

全能天后 楊丞琳

1999這一年，我和棋惠因為一場比賽而認識，當時，我們是競爭對手。我還記得我能感覺這女孩的企圖心，雖然活潑但有一點保護色。後來我們成了工作夥伴，在團體中，兩個年紀最小卻最不願服輸的人。

二十年過去，現在的棋惠，是一個柔軟、善解人意、感性又堅強的女人。她還是保有我喜歡的愛搞怪、愛逗大家開心的小女孩的模樣，但更多時候，她是成熟、有主見、充滿韌性的！看見棋惠的轉變，我很欣慰，甚至很多時候我是帶著欣賞的眼光看著她的～

棋惠會唱歌、會跳舞、會表演，這些我很清楚，但是她這麼會煮飯、做甜點，完全驚呼到我，我真的佩服到不行！因為我的胃完全被她征服～現在她出書了，不藏私的跟大家分享她的祕訣，好替她開心！

棋惠，這是妳的寶貝作品，猶如孩子般的誕生，期許未來妳還能出更多本書，分享給更多人，讓大家跟妳一樣會烘焙～

P.S 我愛妳喔！

推薦人2

不吃甜點的我也被她的手藝迷倒

時尚帥媽 黃小柔

人有分天才跟地才，棋惠在甜點這塊完全符合天才般的能力加上她有地才般的努力，甜點出自她手沒有不嘖嘖稱奇的好吃，不吃甜點的我還是被她的手藝迷倒包括我家老爺，他是一個非常挑嘴的人，自從吃完棋惠做的磅蛋糕後再也無法接受其他品牌的蛋糕，我想這就是她的功力！

以前看電影常看到，吃到好吃的美食會飛起來拉著長紗奔跑在沙灘上（噗！怎麼可能太誇張了），但！自從吃到棋惠的甜點除了每次都有以上的片段之外，吃完嘴角還會有一抹微笑，嗯～張棋惠真有妳的！恭喜妳出書了～這是一本令人期待的作品，當姐妹的一定力挺到底！

什麼時候開店記得要讓我入股喔！哈，愛妳～祝妳『甜書大賣』。

推薦人3

用一次次失敗換來的幸福口感

JFJ Productions 音樂製作人 黃冠龍

一直覺得做美食跟做音樂很相似，將平凡無奇的食材搭配恰到好處的比例調味，作出一道道挑動味蕾的餐點，就像編曲時把十二平均律的音符搭配樂器與歌聲，變化成一首首觸動人心的歌曲。

棋惠的美食之路是偶然也是執著，還記得第一次吃到她做的餅乾，簡單不大甜的口感，立刻分享給身邊的同事好友品嚐，換得大家一致的好評。也讓棋惠更有信心在甜點這條路上繼續精進鑽研，一次次的失敗一次次的重來，唯有達到她心裡完美的比例口感才是她最在乎的品質。

請一起進入棋惠的美食世界，用她的神手甜點為您帶來幸福味蕾。

推薦人4

爲身邊人帶來幸福的阿寶媽媽

「型男大主廚」主持人 蔡頤榛（五熊）

恭喜我親愛的阿寶媽媽出烘焙書啦！參與了她人生很多的重大事件，看著棋惠從不會甜點到會做甜點、從零到有的把書生了出來，實在是滿滿的感動。她一直是個努力為身邊的人帶來幸福的人，就如同她做的甜點一樣～數不盡有多少次我都被她的餅乾、麵包安慰著、鼓勵著～小小一塊，滿滿的愛～甜而不膩！而這樣的幸福也要分享給大家了！

不論是新手媽媽還是生養眾多的媽媽，當妳們拜讀這本烘焙書的時候，祝福大家也能活得像阿寶媽媽一樣甜美、精彩!! ♥

推薦人5

記憶深刻的第一口棋惠蛋糕

新生代主持人 徐凱希

永遠忘不了第一次吃到棋惠親手烘焙的檸檬磅蛋糕，甜而不膩的糖霜搭配鬆軟綿密的蛋糕，點綴些又香又帶點苦味的檸檬皮，當下吃到時大聲驚呼，那是我在外面沒吃過的幸福感。

就如同她這個人一樣，總是帶給身邊的人無限的溫暖，平常看似傻大姐的她，談論起甜點，眼神中散發出來的自信光芒，每一個瞬間我都以身為她的朋友為榮。

謝謝妳出了這本書，讓更多人可以因為這本書認識妳，越認識越讓人喜歡的妳♥

推薦人6

一個純眞善良的人做出的純粹美味

脱口秀小王子 黃豪平

怎麼會有人同時集天兵與天才於一身？棋惠就是這樣神奇的生物，在她看似天兵的日常行徑之下，竟然有著一雙巧手，能不斷打造出無人能及的美味——只能說老天是公平的。

認識棋惠也是因緣際會，當時某個聚會上她興奮地以一個外景節目小粉絲的姿態，對我的表現如數家珍，而後因為共同的興趣也成為好友，這才知道她手藝驚人，從新手媽媽到神手媽媽，進化的速度已非尋常人能理解，實際嚐過她的甜點就知道，做她的朋友實在太幸福……有些人聽到我們的日常對話，覺得我怎麼都不稱呼她「姊」？其實是棋惠嚴格要求我不准以姊相稱，但也確實，認識她以來在她身上看到的一直是個天真的小女孩，在料理的世界裡恣意探索著。

她是個純真善良的人，做出的美食也是純粹的幸福、純粹的美味，現在她邀請你加入她瘋狂的巧手世界，你有什麼理由說不？

推薦人7

每一口烘焙都傳遞著愛與溫暖

「深夜療癒食堂」可藍阿目

有沒有一種人，她的眼睛總是散發著光芒，手的溫度總是充滿著溫暖，待每一個人，每一件事即是如此，我眼中的棋惠就是。

她可以為了一個檸檬糖霜，試作到讓她自己驚豔也讓每個吃的人回味；她可以為了海鹽奶油捲，通宵作出不同口味只為了讓隔天的姊妹都能好好品嚐；她能將甜點們變成魔法的咒語，讓每一口烘焙或是料理都充滿著愛，讓吃的人都彎起了眼睛。

這本書淺顯易懂，新手入門都能好上手，這本書充滿著棋惠的堅持以及細膩，願大家都能一起來無限挑戰!!!!

恭喜寶貝新書誕生♥

推薦人8

實至名歸的神手媽媽

「A CAKE A DAY圓夢」經營人 劉偉苓

新手媽媽的無限挑戰，是我認識棋惠的第一個作品，幽默、風趣、爽朗，是我對她的第一個印象。

第一次見到棋惠是在台北的烘焙教室，聽烘焙教室的人員說，棋惠是排除萬難來上課的，很驚訝也很榮幸。一開始對於明星，總有種距離感，但在棋惠身上是完全感受不到。上課時她就是一個非常專注認真的學生而已，所有製作要注意的事項，她都仔仔細細的紀錄在食譜上，有任何問題也會馬上發問，是個學習能力非常強的女生，一步一步的穩紮穩打，變身為現在的神手媽媽也是實至名歸的！

關於這本書，是棋惠結合所有她在學習路上所有的食譜匯集而成的，我覺得很適合所有新手來閱讀，除了實用的食譜外，她也告訴你她學習這個食譜時發生的種種有趣事物，讓你好像與她一起走過這條學習路程，是本十分有溫度的書！

推薦人9

跟著棋惠鼓起信心挑戰自己

國宴主廚 邱寶郎

每次看棋惠在「新手媽媽的無限挑戰」，我內心都會感受到佩服！

棋惠演藝事業是亮麗的，烘焙來說真的非常的用心去做到最好。從麵團的三光揉麵開始認識，到每一個未知的成品去嘗試！過程中不知道失敗幾次？她依然是無畏的去做到最好。

每一次在錄影看到製作的成品，手感，塑型，美感都符合專業，我都會覺得很驕傲！驕傲的是，棋惠運用簡單的技巧來教學，器材也是最陽春的烤箱，烘焙工具更是用家用鍋碗瓢盆來完成每一個美美蛋糕，就是要讓網友們可以更有信心去嘗試每一種品項。

今天很開心推薦《棋惠的手感烘焙》此書，讓許多媽媽、小姐們可以跟著棋惠小技巧來挑戰自己，有愛就可以讓成品變美麗，更讓生活變得更多樂趣。

作者序

因爲愛，開始做甜點

出道邁入第20年，從歌手、演員、主持人到現在成為出書的作者，每一次身分的轉換，也同時代表著自己經歷的轉變。直到現在已經在動筆寫作者序，我還是覺得很像在作夢……這是我的第一本烘焙書，也是以前的我從沒想過會發生的事。

我接觸烘焙的原因很簡單，因為我老公很愛吃甜點。抱持著想要為老公做甜點的初衷，我開啟了漫長的烘焙路，不但對烘焙燃起熱情的心，也因此加入了「料理123」的團隊。每一次短短的幾分鐘節目背後，都是好幾天的嘗試和努力。我想要讓大家知道，張棋惠可以做得到，你們也可以！

自從在「料理123」上分享烘焙點滴後，我常常收到很多人的訊息，告訴我他們從沒接觸過烘焙，竟然可以照著我的步驟，成功做出好吃的甜點。每次收到這樣的回饋，我都覺得很感動。我知道自己是非專業的，這幾年來一邊做一邊學習，也為了充實自己，開始去上很多的課，希望將更多對的知識觀念分享給大家。

我從零開始自己摸索，但我能很驕傲的跟你們說，我做到了。這一路不容易，有瓶頸，有被惡意攻擊，但大多數的人都給予我很多正面的鼓勵及行動。謝謝出版社讓我能透過這本書，將做甜點這個里程碑記錄下來，也希望你們能夠透過我的甜點，創造出屬於你們每一人的故事，享受在製作甜點中那種舒壓的爽快！

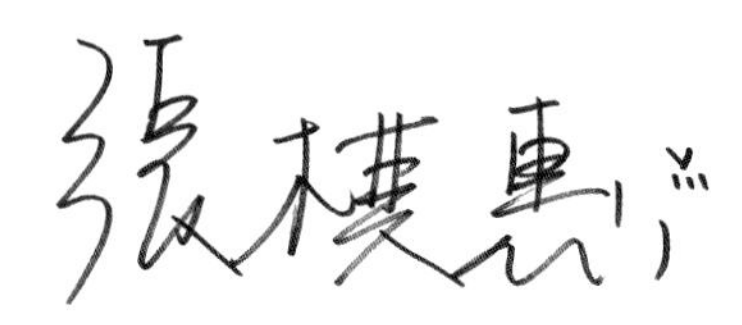

Contents

Chapter 3
午茶小點心，簡單做就好吃的幸福滋味

Chapter 4
派對蛋糕&塔派，大顯身手的重要時刻

Chapter 5
送禮甜點，和寶貝一起手作的親子時光

Chapter 1

從起點開始，烘焙也可以很簡單！

因為有個愛吃甜點的老公，
我踏入了烘焙的世界。
剛開始連最簡單的杏仁瓦片都烤不熟，
現在竟然做得出專業師傅也說難的馬卡龍。
我沒有相關背景，每道成功的食譜背後，
都藏著很多很多次的失敗和摸索。
我將這些在失敗中累積的經驗寫成書，
希望讓更多人在烘焙的過程中
感受到療癒和成就。
不要懷疑，我可以的，你們一定也都可以！

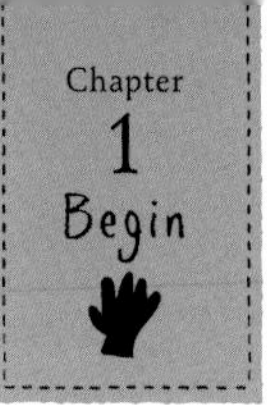

烘焙常用的基本工具

很多網友留言會說，烘焙要準備好多工具好麻煩～
其實不會的，像我做烘焙完全是興趣，
工具都是需要才一點一點去買，這樣的好處是，
比較不會想到要買很多東西就變得不想做。
下面列出的是我比較常用到的幾樣工具，
大家可以先看看想做的食譜需要什麼再購買。

電動攪拌器

用來打發蛋白霜或鮮奶油時最得力的助手，做甜點的人最好都有一台。

電子秤

做甜點的分量精準很重要，準備一台單位至少到公克的電子秤，可以降低出錯率。

攪拌盆

有分玻璃和不銹鋼材質，選擇自己覺得好用的就好。需要混合很多材料攪拌時，有大的攪拌盆操作起來會比較方便。

打蛋器

打蛋、拌勻少量材料時很好用，買的時候建議挑鋼圈比較密的。

擀麵棍

用來壓平麵團，方便將麵團擀成差不多厚度的長棍棒。大部分是木頭製，也有金屬、大理石或塑膠等材質。

篩網

我有兩個篩網，一個大的用來過篩麵粉等粉類，讓質地變細。另外一個小的是用來撒糖粉等裝飾時使用。

刮刀／刮板

長形刮刀多用在攪拌麵糊和材料，片狀的刮板則多用來鏟起或分割麵團。建議挑選耐熱的材質。

抹刀

通常用在裝飾，將鮮奶油塗抹到蛋糕上時使用。

蛋糕刀／麵包刀

刀刃呈鋸齒狀，專門用來切割蛋糕和麵包的刀子。

擠花袋／花嘴

用來擠麵糊做餅乾，或是裝飾奶油霜、幫泡芙填餡時的工具。花嘴有很多的種類，我買的是基本的8件組，有簡單的大小圓形和花形。

烘焙紙

烘烤的時候墊在烤盤上再放入麵糊或麵團，方便烤好後脫模，清洗也簡單很多。

冷卻架

烤好的蛋糕直接放在桌上，底部會無法散熱，需要先放在架上冷卻。

蛋糕轉台

裝飾蛋糕時放在轉台上會比較好操作，也可以隨時檢查各個角度的樣子。

各種模具

有些特定的麵包或甜點需要模具才能塑形。吐司模、蛋糕模、塔派模是比較常用的種類，另外像瑪德蓮、可麗露、費南雪、達克瓦茲等，也都有自己專門的模具。

認清用途不買錯的烘焙材料

烘焙原料的好壞很重要，會直接影響成品的味道，
但說實在話，好的材料不便宜，買起來很傷荷包。
剛開始練習的階段建議大家先買比較平價的材料，
等熟練後再升級、買好一點的，這樣比較不會浪費，
也比較能分辨出換了好材料後，味道層次上的不同。

麵粉
主要分成高筋、中筋、低筋，簡單區分的話，筋性越高做出來的口感越紮實。我大多是做甜點時用低筋，塔派用中筋，麵包則使用高筋。

砂糖
糖不只是甜味來源，也是酵母的養分，幫助烤焙上色、延緩麵團老化的重要成分。很多人做烘焙失敗，都是因為怕甜自己減掉配方裡的糖。做麵包、甜點時通常使用細砂糖，也可以選擇日本上白糖、三溫糖，口感更細緻溫和。

糖粉
糖粉是以砂糖磨成、質地細緻的粉，通常用於餅乾、塔派皮、馬卡龍或裝飾。可分成純糖粉以及防潮糖粉（添加玉米粉，不易受潮）。

鹽
鹽是做麵包的關鍵材料之一，除了增添風味，還可以減緩發酵速度，避免麵團發得太快失去活力。在甜點中加一點鹽，也能有效降低膩口感。

酵母
酵母可以透過發酵，將糖轉化成二氧化碳，達到膨脹效果。要注意酵母開封後必須放在冰箱冷藏，另外也要避免和鹽放在一起，容易失去活性。

雞蛋
蛋具有乳化和凝結的作用，還可以幫助上色，在烘焙中的地位很高。而打發的蛋白，更是支撐蛋糕體的關鍵結構，要注意台灣氣溫高，用來打發的蛋白最好使用前再從冰箱中取出，不然容易打不發。

牛奶
加牛奶有助於上色及增加韌性，可以讓蛋糕更為Q彈，不容易破裂。當然還有增加奶香味的作用，讓味道更有層次。

奶油
奶油可以增添香氣和酥鬆口感，尤其發酵奶油更香。我通常使用無鹽奶油比較多，有時候做餅乾可以用含鹽奶油，但要減少配方中的鹽量。

鮮奶油
做甜點常需要用到鮮奶油，裝飾抹面、巧克力淋醬、甘納許等等，分成動物鮮奶油與植物鮮奶油。鮮奶油要記得放在冰箱，只要在室溫超過一小時，很容易就結塊、出水。

香草莢、香草精、香草醬
很適合用來增添香氣。香草莢的香氣比較好，但價格較高，沒有的話用香草精也可以。把香草莢泡在砂糖中一個禮拜左右，還可以做成香草糖。

新手入門要先看的基礎技巧

雖然說每種甜點、麵包的作法都不太一樣，
但其中還是有一些比較常用到、共通的步驟。
我在這邊整理了幾個我覺得適合新手的基本技巧，
說難不難，卻可以大幅提升成功率！

Skill 1

做麵包的基本技巧

1 手揉麵團

我做麵包都是用手揉麵團，揉的時候心裡有個節奏，跟著節奏，動作就會順暢很多。接下來要教大家我覺得很好用的揉麵團方法。如果跟我一樣手溫高的人，揉麵團的時候建議開空調或是電風扇降溫。

第一步：混合材料

準備一個大的調理盆，先依照食譜混合需要的材料、稍微攪拌成團後，再移到桌面上搓揉。倒入材料時，建議把酵母放在糖的旁邊（提供養分），盡量避免跟鹽直接接觸。無鹽奶油通常都是等到麵團變得比較光滑後，再加入揉勻。

1

倒入水的時候，要沖在放酵母與糖的位置，建議分次加入，比較好掌控麵團的乾濕情況。

揉麵團時需要視天氣狀況調整水量。如果天氣潮濕，一開始水可酌量減少約10cc左右，以免麵團太濕；在搓揉過程中如果覺得麵團太乾，再適量補充一點點水。氣溫較乾冷時，水量則增加10cc左右。

第二步：「洗衣服」揉麵法

將麵團移到平坦的桌面後，想像自己在「洗衣服」般，依序把右手往前推→回中間→左手往前推→回中間，左右重複這樣的動作，持續揉到麵團光滑、雙手沒有沾黏麵團的程度。

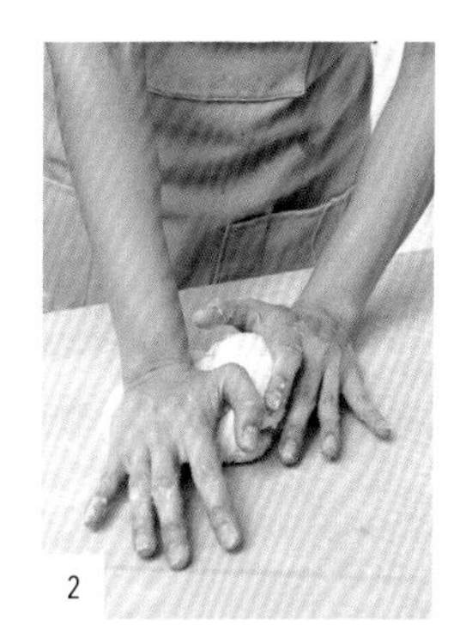

2

搓揉麵團時，可以想像洗衣服的感覺，一手在前一手在後反覆搓揉。

如果還是覺得麵團太濕，可以反覆把麵團抓起來甩到桌上，將空氣摔出來讓麵團變乾，或是試試看把麵團推出去，再用刮刀刮回來，重複這個動作幾次，讓麵團漸漸變得不沾手。

第三步：「V字形」揉麵法

接下來用「V字形」揉麵團。想像桌上有一個大V字形，用兩隻手沿著V字把麵團往左上推→收回來→往右上推→收回來，重複進行直到麵團變得更光滑，而且有韌性。

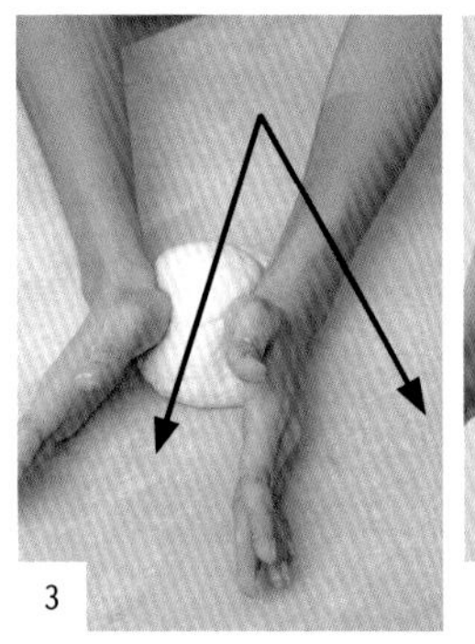

揉到麵團不黏手時，改用兩隻手把揉圓的麵團往左右推出去。

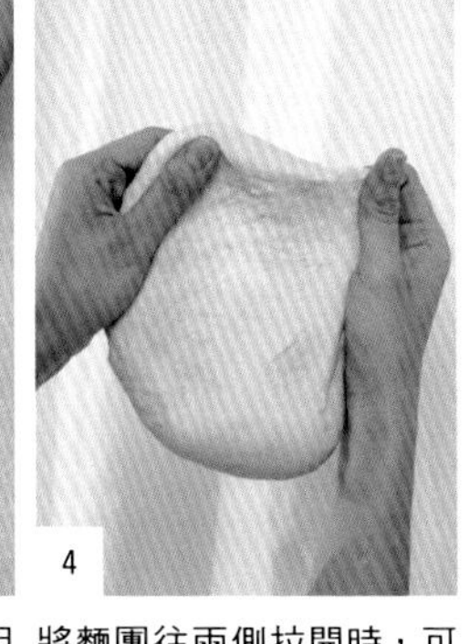

將麵團往兩側拉開時，可拉出透光的薄膜，即表示攪拌完成。

第四步：確認麵團筋性

等麵團產生筋性，表面變得光滑、有彈性後，抓起麵團，用中指和無名指將麵團中間拉開，拉到有薄薄一層膜但不會破掉的程度，就是成功的麵團。

2 發酵

發酵麵團有專門的發酵箱，但我自己做沒那麼講究，通常都是放到不插電的烤箱、電鍋或微波爐等密閉空間裡，然後在裡面放一杯熱水，形成一個適合發酵的環境。麵團放進去時要記得蓋上濕布。發酵好的麵團大約會膨脹到1.5-2倍大，如果過發，麵包口感就不鬆軟了。

發酵需要的時間跟環境的溫溼度有關，沒有一定多久，因此發酵的時候要時不時留意麵團的情況，適度減少或延長發酵時間。如果看到麵團已經長到1.5-2倍大，可以用手指沾些許麵粉往麵團中間戳，沒有回彈的話就表示ok。

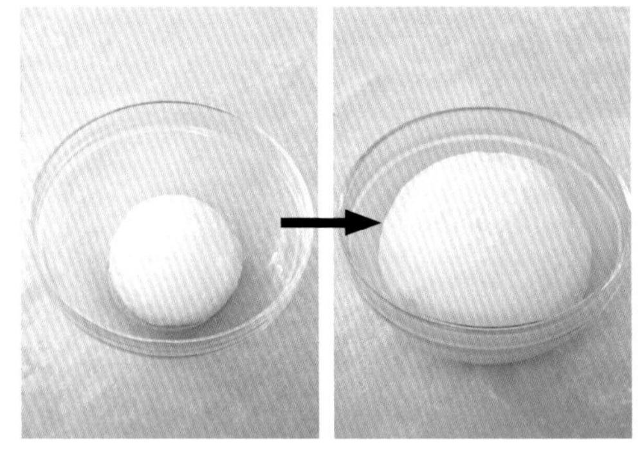

發酵前與發酵後的麵團，膨脹程度大約有1.5-2倍的差異。

用拇指戳入發酵完成的麵團，孔洞不會回縮。

3 分割、滾圓

麵團第一次發酵完成後，就可以進行分割和滾圓。先將麵團均等切割成小麵團，再分別滾成圓形，以利於讓麵團中間的空氣排出，方便之後視食譜需求進行二次發酵，或是做成牛角、圓圈等整型和包餡的動作。

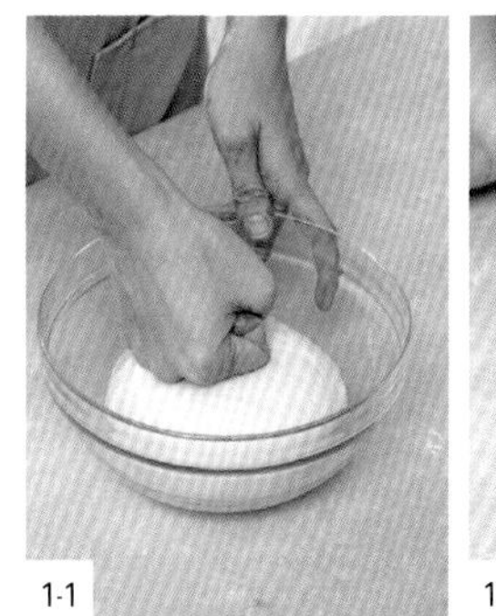

1-1

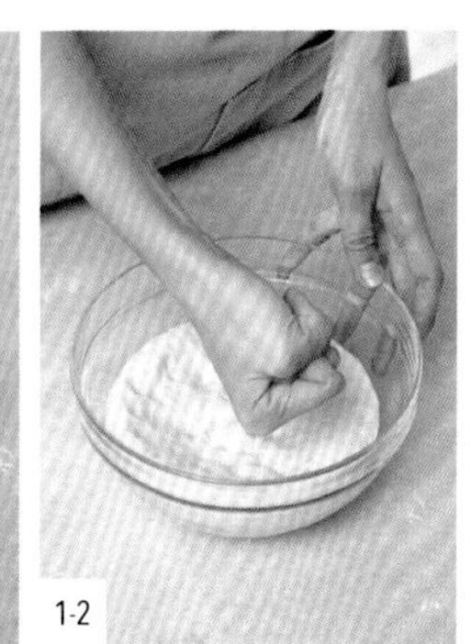

1-2

用拳頭揍一揍，讓麵團裡的空氣跑出來。

第一步：排氣

在分割前要先把麵團中的氣體排出，我通常都是把麵團放在大盆中發酵，因此排氣時只要拳頭朝下反覆揍一揍，氣泡自然就消失了。或是把麵團移到桌上，用手拍打也可以。

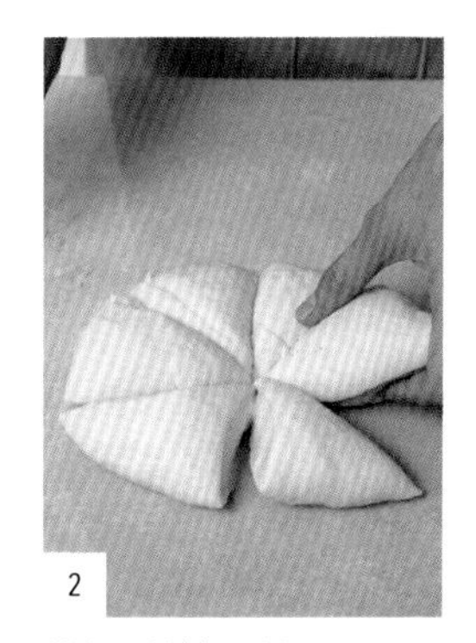

2

將麵團均等分割。

第二步：分割

分割麵團時，每顆小麵團的重量盡量相同，烘烤時間才不會差太多，建議使用電子秤測量。不過我有時候自己在家做麵包比較隨性，也會直接用目測的。

第三步：滾圓

滾圓是做麵包時很常用的手法，如果要把小麵團滾圓，就用手的虎口以同方向畫圓的方式滾動；如果是大麵團，就像要捧水洗臉般，用兩手從底部捧住麵團，再以同方向畫圓滾動。

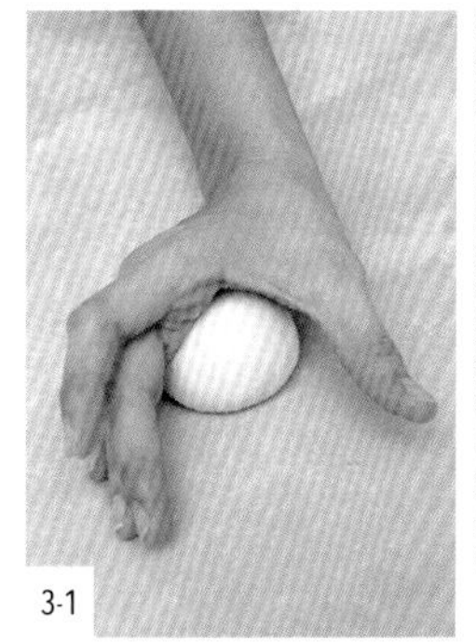

3-1

滾圓小麵團時，把手掌拱起，以虎口靠著麵團畫圓滾動。

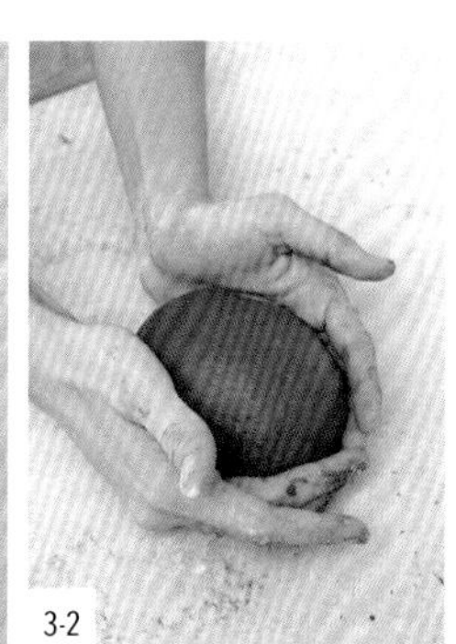

3-2

滾大顆麵團時，改成用兩手捧水般的姿勢畫圓，滾動麵團。

Skill 2

做甜點的基本技巧

1 打發蛋白霜

不同類型的蛋糕，需要使用不同發泡程度的蛋白霜。我收錄在書裡的圓形6吋蛋糕大多都是用戚風蛋糕做底，口感柔軟蓬鬆。我建議大家可以先練習幾次蛋白霜的打發方式，在做蛋糕時才不會因為打過發或打不足而手忙腳亂。戚風蛋糕使用的是「乾性發泡」的蛋白霜，材料只需要準備蛋白以及糖。

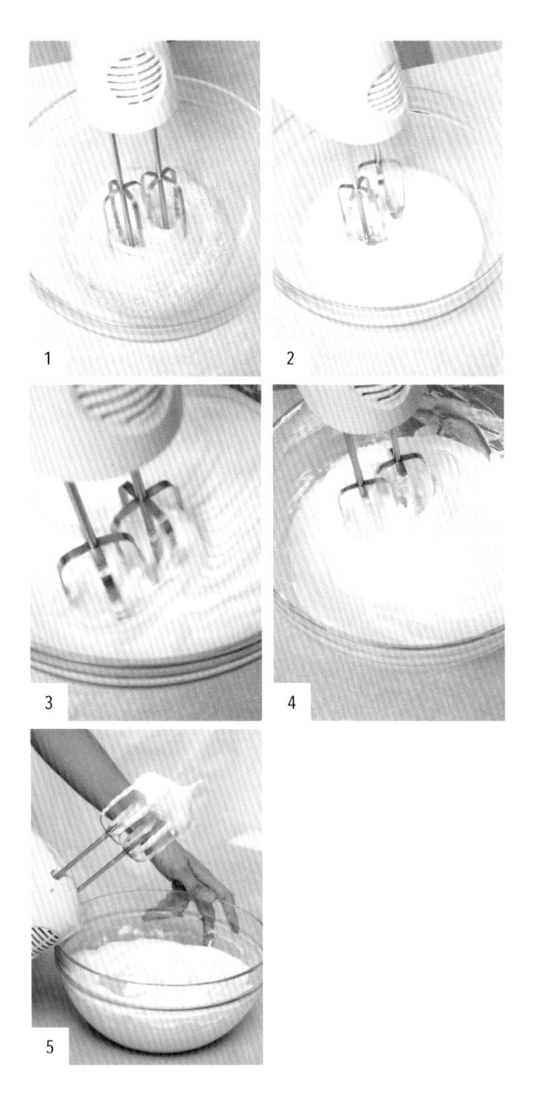

✔食材

蛋白…3顆
砂糖…50g

✔步驟

1 首先用電動攪拌器的低速，將蛋白打到起粗泡。

2 改成高速，加入1/3的糖，打到糖的顆粒融入蛋白中。

3 接著再加1/3的糖，打到蛋白霜上出現環形紋路。

4 加入最後1/3的糖，打到紋路更明顯。收尾前改用低速打，穩定蛋白霜。

5 提起攪拌器，尖端的蛋白霜形成短小直立的尖鉤狀即完成。

2 打發鮮奶油

打發後的鮮奶油經常運用在蛋糕抹面與裝飾上，可以事先做好後包覆保鮮膜，放冰箱冷藏保存3-4天，需要的時候再取出。鮮奶油動植物性都可以，但為了健康著想，我通常都是使用動物性鮮奶油以及糖粉（砂糖也可以）。

☑食材

鮮奶油…200g
糖粉…20g

☑步驟

1 準備一個大盆子，下方墊著冰塊水。倒入冷藏的鮮奶油後，用電動攪拌器先打至起泡。

2 接下來分3次加入糖打發，打到表面出現明顯紋路。

3 把盆子倒扣做測試，若鮮奶油不會流出來即完成。

1

2

3

3 製作戚風蛋糕

製作戚風蛋糕最需要注意的，就是蛋白霜容易消泡。蛋白霜一旦打發，就要一口氣做好剩下的動作，不論是與其他材料拌合，或是入模去烘烤，動作都要快速到位，而且保持力道輕柔。

☑食材（約1個6吋蛋糕的量）

蛋黃…3顆
植物油…52g
牛奶…52g
低筋麵粉…52g
蛋白…3顆
砂糖…50g

☑步驟

1 **製作麵糊：**混勻蛋黃、砂糖（從50g中取出少許的量）後，分次加入植物油拌勻。接著加入牛奶、過篩低筋麵粉，翻拌均勻成麵糊備用。

2 **製作蛋白霜：**用電動攪拌器將蛋白打發，過程中分3次加入剩餘的砂糖，持續打發到出現紋路、用攪拌器提起時可形成短尖鉤狀，即完成蛋白霜。

3 **混合一半麵糊和蛋白霜：**先挖1/3-1/2量的蛋白霜放到麵糊中，用刮刀翻拌。將刮刀從中間往下劃，再從下往上撈起，反覆相同的動作直到混合均勻，切記不要用力劃圈攪拌。

4 **再次混合麵糊和蛋白霜：**將拌勻的一半蛋白霜和麵糊，倒回剩下的蛋白霜中，再次以同樣手法翻拌至均勻。先取一部分混合，是為了讓兩者質地均勻，能夠更快速且穩定地完成混合動作。

5 **入模烘焙：**將混合好的麵糊倒入烤模中，模具在桌上稍微敲一敲、震出空氣後，放進預熱好的烤箱用160度烤35-40分鐘。烤完後倒扣放涼，再脫模即可。

1-1
1-2
2-1
2-2
3-1
3-2
4
5-1
5-2

4 製作塔皮

不論是塔或派，在酥脆的外皮中填入或甜或鹹的餡料，真的容易讓人忍不住一口接一口。剛開始學做塔皮時，也許稱不上漂亮，但是我覺得對剛開始做的人來說，塔皮也不用計較於要擀多厚、或是捏出均一的厚度，以成果來說，好吃就夠了吧！

☑食材（約2個6吋塔皮的量）

中筋麵粉…200g

無鹽奶油…100g

糖粉…5g

鹽…2g

全蛋…1顆

牛奶…2-3大匙

☑步驟

1 先將中筋麵粉與無鹽奶油用手抓捏，讓奶油融入麵粉中，再加入糖粉、鹽混合均勻。

TIP：奶油要用冰的（直接從冰箱取出後使用），做出來的口感才會酥。建議先切成小丁狀，抓捏的時候比較好用。

2 接著分次加入蛋液、牛奶，揉成均勻的麵團。包覆保鮮膜後，放冰箱冷藏鬆弛至少1小時。

TIP：牛奶量可視麵團濕潤度調整，當濕潤度足夠時可斟酌減少；反之如果偏乾，就酌量增加。

3 桌上撒點手粉，取出冷藏鬆弛後的塔皮，用擀麵棍擀平後，利用擀麵棍捲起放到塔模上。

4 將塔皮沿著烤模內緣壓合後，用擀麵棍擀過表面，切斷多餘的塔皮。接著再用手指將塔皮稍微往上推高（避免回縮），然後用叉子在塔皮上均勻戳洞。

5 塔皮上鋪一張烘焙紙，裡面鋪滿紅豆（或其他豆類、生米等有重量的東西），防止塔皮在烤時膨脹變形。放進預熱好的烤箱，用180度烤約18分鐘後取出放涼即可。

1-1
1-2
1-3
2-1
2-2
3-1
3-2
4-1
4-2

神手媽媽的貼心叮嚀，一起快樂做烘焙！

1. 「失敗乃是成功之母」有失敗才能更正錯誤，不要因為挫折感到氣餒，當你發現問題並解決它，你會很有成就感！

2. 剛開始練習時先不要買太貴的材料，等成功後再升級，比較不怕浪費。

3. 烘焙需要耐心的等待。記得，千萬不要心急，嬌貴的甜點一定要在最好的時間才能出爐。慢慢等～好吃的程度絕對值得你耐心等候。

4. 烤箱不用買貴的(除非你要營業用)。我都是用台灣品牌，便宜又好用，烤箱大小只要一隻全雞進得去，就可以把什麼都烤得嚇嚇叫。而考慮到家庭式烤箱可能只能控制一個溫度，因此書裡食譜大多是提供均溫，沒有把上下火分開標示。提醒大家，實際火力跟時間還是得依照自家烤箱情況適度調整喔！

5. 學好烘焙就是不斷的練習。卡關或是進入撞牆期的時候，翻書或是上課進修都是好方法。這些老師們教給你的，都是他們自己已經先摸索過、最容易成功的精華。

6. 開始動手做吧！做烘焙是件快樂的事，不需要太多顧慮，好好享受每個時刻就對了！

Chapter 2

早安麵包，給家人一整天的元氣能量

一期一會的烘焙練習・二

從烘焙新手到麵包神手的無限挑戰！

剛開始做烘焙的時候，我只會餅乾和杏仁瓦片，做來做去就是這兩種口味在變換。一路努力練習到現在，才發現我竟然也默默做過不少甜點，基本的餅乾蛋糕幾乎都嘗試過之外，甚至連難度很高的馬卡龍，也可以自己做出來。其中連我自己都有點訝異的，是我從來沒想過我竟然這麼會做麵包。

麵包算是我學烘焙比較後期才接觸的領域，沒想到卻越做越有興趣。很多人聽到我做麵包用手揉都很驚訝，但我很享受隨著節奏揉麵團的過程，做出來的麵包鬆軟有彈性。雖然我的手溫很高，很容易讓麵團溫度升高，天氣熱的時候必須搭配強力電風扇或空調降溫，但目前做起來，也很少有失敗的經驗。每天早上看著老公和孩子吃著自己親手揉製的麵包，真的非常有成就感！

「一期一會」是我很喜歡的一個日語詞彙，唸起來剛好跟我名字的音一樣，意思是用一輩子就這一次的態度，來看待眼前的人事物。我覺得不管做什麼事情，都應該抱持這樣的態度。回頭看，我很為自己驕傲，也證明了自己並不是只有三分鐘熱度。我知道在烘焙上我還有很多不足的地方，但每一次呈現，我都付出了最大的用心，只要聽到有粉絲照著我的方法試做成功，或是看著家人朋友吃了我做的甜點露出笑容，都讓我覺得所有辛苦是有價值的。從今以後我也會繼續精進自己，讓大家看到更好的神手媽媽、更棒的張棋惠！

Recipe 01

奶油小餐包

難度：★★

“好吃的小餐包作法簡單，很適合當早餐，
搭配奶油乳酪或是顆粒花生醬、肉鬆，都超級好吃！”

分量
約15個

烤箱預熱
200度

食材
高筋麵粉…475g
砂糖…35g
快速酵母…6g
牛奶…275g
全蛋…1顆
無鹽奶油（室溫軟化）…35g

步驟
1 無鹽奶油事先放在室溫下軟化備用。將高筋麵粉、砂糖、酵母、牛奶、全蛋一起攪拌均勻，接著加入無鹽奶油搓揉。

2 麵團揉至表面光滑、拉開有薄膜的程度後，滾圓，並蓋上濕布。在密閉空間裡放一杯熱水，將麵團放進密閉空間發酵1小時。

3 取出發酵完成的麵團，在表面戳一個洞，如果沒有回縮就表示發酵完成。接著用拳頭捶一捶麵團排出空氣後，分割成適量大小，一顆麵團約50克，可分成15等分。

4 接著再次排氣並滾圓，將滾圓的小麵團依序排入烤盤內，麵團間稍微保留間隔（之後會因為膨脹而彼此相連）。再次放入密閉空間發酵40分鐘。

5 麵團最後發酵完成後，放入預熱好的烤箱中，用200度烤22分鐘即可。

棋惠小叮嚀 麵包做好如果沒有要立刻吃完，可以包起來冰冷凍，要吃的時候拿出來，在麵包表面噴開水再回烤，一樣很美味。

・觀看影片・

Recipe 02

鹽之花麵包

難度：★★★

“我第一次做就成功的超人氣鹽之花麵包，
雖然費時，但難度其實沒有很高，很適合新手挑戰！
喜歡什麼口味都可以自己做變化～”

☑分量

約10個

☑烤箱預熱

230度

☑食材

高筋麵粉…500g
砂糖…25g
鹽…11g
低糖快速酵母…4g
冰水…330g
無鹽奶油Ⓐ（室溫軟化）…25g
無鹽奶油Ⓑ（融化）…40g
有鹽奶油…220g
鹽之花（或玫瑰鹽、粗鹽）…少許
芝麻…少許

☑步驟

1 將高筋麵粉、砂糖、鹽、酵母、冰水、無鹽奶油Ⓐ混合均勻。

2 麵團揉到光滑、拉開有薄膜後，收圓、蓋上濕布，放進密閉空間裡，旁邊放一杯熱水，讓麵團發酵1小時，接著取出翻面再發酵1小時。

3 等麵團發酵完成後拿出來捶一捶排氣，接著分割成每個45克的小麵團，共約10個。接著再次滾圓，蓋上濕布，放室溫發酵20分鐘。

4 用虎口壓住麵團上方，上下滾成頭尖下圓的水滴狀，再用擀麵棍擀成上寬下窄的扁平形狀，然後將上面寬的部分往左右拉長成披薩般的三角形，塗上無鹽奶油Ⓑ。
棋惠小叮嚀 **這時候用的無鹽奶油要呈現液態，可以隔水加熱使其融化。**

5 接著在麵團寬的地方放上22克有鹽奶油，從寬處往窄處捲起。蓋上濕布，放在室溫發酵20分鐘。

6 麵團表面塗上融化的無鹽奶油，撒上少許鹽之花與芝麻，放入預熱好的烤箱中，用230度烤15-18分鐘即完成。如果表面還沒上色，可將烤箱溫度調至200度，加烤5分鐘。

· 觀看影片 ·

Recipe 03

紅豆麵包

難度：★★

“我喜歡把紅豆麵包做小顆一點、塗上蛋黃，
看起來就像蛋黃酥一樣，給收到的人意外驚喜！”

☑分量

約8個

☑烤箱預熱

200度

☑食材

高筋麵粉…205g
低筋麵粉…50g
砂糖…45g
鹽…2g
快速酵母…4g
全蛋…1顆
水…120g
市售紅豆泥…145g
蛋黃液…2顆
芝麻…少許

☑步驟

1 將高筋麵粉、低筋麵粉、砂糖、鹽、酵母、全蛋、水混合均勻。

2 將麵團搓揉至光滑、拉開有薄膜的程度後，收圓、蓋上濕布，放到密閉空間裡，旁邊放一杯熱水，讓麵團發酵30分鐘。

3 麵團發酵完成後，拿出來捶一捶排氣，分割成8等分的小麵團，每個約52克。逐一滾圓後，蓋上濕布，室溫發酵15分鐘。

4 接著將小麵團排掉中間空氣後擀平，將麵團放在手掌心，分別包入約18克的紅豆餡。用手指捏住麵團邊緣，一邊微微轉動麵團，一邊往中間收口。完成收口後，靜置室溫發酵15分鐘。

5 在麵團上塗抹蛋黃液、撒上芝麻，放入預熱好的烤箱中，用200度烤22分鐘即完成。

・觀看影片・

Recipe 04

辮子蔥花麵包

難度：★★

“號稱台式麵包界最受歡迎的蔥花麵包，
升等成可愛的辮子造型啦，一定要學起來！”

☑分量
4個

☑烤箱預熱
190度

☑食材
●麵團

高筋麵粉…500g
奶粉…15g
鹽…10g
砂糖…50g
全蛋…50g
水（常溫）…260g
快速酵母…6g
無鹽奶油（室溫軟化）…50g
蛋黃液…2顆

●蔥花

蔥（切蔥花）…5根
鹽、胡椒、橄欖油…適量

☑步驟
1 將高筋麵粉、奶粉、鹽、砂糖、全蛋、水、酵母混合均勻，持續搓揉到跟室溫奶油一樣柔軟後加入無鹽奶油。

2 繼續揉至表面光滑、拉開有薄膜後，將麵團收圓、蓋上濕布。把麵團放進密閉空間，旁邊放一杯熱水，發酵30分鐘。

3 麵團發酵完成後，用擀麵棍上下擀開，將上端約1/3往中間折、下端1/3也往中間折，轉90度後，再次擀開麵團，上下再往中間折一次。蓋上濕布，靜置室溫發酵30分鐘。

4 將麵團輕拍排氣，分割成12等分（每個40克）後滾圓，再靜置10分鐘，讓麵團鬆弛。

5 將小麵團擀成像牛舌餅的長橢圓狀後，把兩側長邊往中間對折，然後用雙手前後滾動搓成長條狀。

6 完成3條長條麵團後，將3條麵團的頂端貼合、固定在桌面上，接著編成長長的三股辮。編到最後時捏一下尾端，讓3條麵團黏合在一起，再蓋上濕布，靜置室溫發酵30分鐘。

7 蔥花拌入適量的鹽、胡椒、橄欖油簡單調味備用。

8 在最後發酵完成的麵團上塗抹蛋黃液、撒上蔥花，放入預熱好的烤箱中，用190度烤18分鐘即完成。

·觀看影片·

Recipe 05

蔓越莓司康

難度：★

“我老公很愛吃司康，外酥內濕潤，
在中間塗奶油或喜歡的果醬都很搭。
吃的時候用烤箱回烤，會更好吃！”

☑分量

15個

☑烤箱預熱

180度

☑食材

中筋麵粉…500g
泡打粉…25g
無鹽奶油（冷藏）…125g
蔓越莓乾…110g
牛奶…125g
全蛋…2顆
砂糖…75g
蛋黃液…少許

· 觀看影片 ·

☑步驟

1 將牛奶跟全蛋混合均勻，接著加入砂糖攪拌至融化，先放一旁備用。

2 準備另一個大調理盆，把中筋麵粉及泡打粉過篩到調理盆中。

3 再加入切小塊的無鹽奶油。

4 用手慢慢捏揉到看不見奶油塊的程度就可以了。

5 揉勻後，再加入蔓越莓乾稍微混合。

6 接著將**步驟1**的混合液分次倒入**步驟5**的麵粉中。

7 輕輕搓揉成團後，上面用保鮮膜包覆，放入冰箱冷藏1小時。

棋惠小叮嚀 **覆蓋時留意保鮮膜不要碰到麵團。**

8 準備一個紙杯剪成想要的高度，取適量麵團放入杯裡塑形，做成喜歡的大小。

9 把塑形後的麵團排列到烤盤上，然後在表面塗一層蛋黃液。接著放入預熱好的烤箱中，用180度烤22-25分鐘即可。

1
2
3
4
5
6
7
8
9

Recipe 06

白吐司

難度：★★

“早餐最常出現吐司，自己做其實很簡單！
不想加牛奶的人，用白開水取代也是可以的。”

☑分量
1條

☑模具
五兩或六兩吐司模

☑烤箱預熱
200度

☑食材
高筋麵粉…300g
砂糖…12g
鹽…2g
快速酵母…3g
牛奶…210g
無鹽奶油
（室溫軟化）…15g

☑步驟
1 將高筋麵粉、砂糖、鹽、酵母、牛奶混合拌勻後，再加入無鹽奶油繼續搓揉。

2 麵團揉到表面光滑、可以拉出薄膜的程度後，收圓、蓋上濕布。把麵團放進密閉空間裡，旁邊放一杯熱水，發酵1小時。

3 麵團發酵完成後取出捶一捶排氣，分割成3等分，一份約175克。

4 接著再拍一拍麵團排氣，用擀麵棍擀開，然後翻面，從上往下捲成長條狀。將接合處稍微捏緊，並把收口朝下放，蓋上濕布鬆弛15分鐘。

5 接著再重複一次擀捲的動作。捲好後一樣捏緊接合處，把麵團收口朝下，放入吐司模裡發酵1小時，膨脹至模具約八分滿的程度。

6 把麵團連同吐司模（蓋上蓋子）放入預熱好的烤箱，用200度烤40-45分鐘即完成。出爐時先將吐司模放在桌上敲一敲，會比較好脫模。

・觀看影片・

Recipe 07

芋泥吐司

難度：★★

“吐司系列第二彈！吃膩白吐司的時候來點變化，
在麵團裡加入芋泥（紅豆泥也可以），做點不同口味吧。”

☑分量

1條

☑模具

五兩或六兩吐司模

☑烤箱預熱

200度

☑食材

高筋麵粉…300g
砂糖…12g
鹽…2g
快速酵母…3g
牛奶（常溫）…200g
無鹽奶油（室溫軟化）…15g
市售芋泥…180g

☑步驟

1 將高筋麵粉、砂糖、鹽、酵母、牛奶混合均勻，搓揉麵團到變柔軟後，加入無鹽奶油。

2 繼續搓揉到表面光滑、可以拉出薄膜後，收圓、蓋上濕布。在密閉空間內放一杯熱水，把麵團放進去發酵1小時。

3 取出發酵好的麵團，排氣後分成3等分，再將麵團收圓，蓋上濕布鬆弛10-15分鐘。

4 將鬆弛好的麵團擀平成長方形，鋪上芋泥後捲起。塗抹芋泥時，麵團周邊要留些空隙不抹餡，之後捲起時才不會溢出來。麵團捲好後，將接合處稍微捏緊。

5 把麵團收口朝下、放入吐司模中。再度放入密閉空間中發酵1小時，膨脹至模具約八分滿。

6 把麵團連同吐司模（蓋上蓋子）放進預熱好的烤箱，用200度烤45分鐘即完成。

Recipe 08

脆皮鮮奶甜甜圈

難度：★★

“台灣最受歡迎的知名銅板小吃之一，
炸得酥酥脆脆，撒糖粉、奶粉或巧克力粉都好好吃！”

分量

約8個

食材

● 脆皮粉漿

低筋麵粉Ⓐ…55g
泡打粉Ⓐ…1/8小匙
冰水…75g
沙拉油…1大匙

● 麵團

牛奶Ⓐ…70g
砂糖…15g
無鹽奶油…8g
低筋麵粉Ⓑ…40g
高筋麵粉…190g
奶粉…25g
泡打粉Ⓑ…1/4小匙
快速酵母…1小匙
牛奶Ⓑ…150g

● 裝飾

巧克力粉…適量
糖粉…適量

· 觀看影片 ·

☑步驟

1 首先製作脆皮粉漿：將低筋麵粉Ⓐ與泡打粉Ⓐ混合過篩，加入冰水拌勻後與沙拉油混合，攪拌時動作盡量輕柔。接著放入冰箱冷藏30-40分鐘備用。

2 準備一個小鍋子，將牛奶Ⓐ、砂糖、無鹽奶油用小小火煮到微滾（冒小泡泡、但沒有滾的程度）後關火，一邊加入低筋麵粉Ⓑ一邊攪拌。

3 持續攪拌成均勻的麵團（鍋內幾乎不會沾麵糊）。這步驟是運用燙麵法的原理，目的是讓麵粉糊化，讓麵團組織較鬆軟。

4 將拌好的麵團放到大的容器裡，把高筋麵粉、奶粉、泡打粉Ⓑ一起過篩，再放入酵母。

5 然後分次倒入牛奶Ⓑ，揉成光滑的麵團後，放室溫發酵30分鐘。

6 將麵團排氣、分割成8等分，一顆大約50-55克。接著將麵團滾圓，用手掌稍微壓扁後用粗吸管或大拇指在中間戳洞，手指要戳穿過去。

7 把所有麵團整形完成後，蓋上濕布，室溫發酵15分鐘。

8 起一個油鍋，熱鍋到油溫170度左右。把麵粉撒入鍋中，如果有起小泡泡就表示油溫差不多了。將發酵好的麵團沾上脆皮粉漿，下鍋油炸。

9 下鍋後不要翻動，等單面變成金黃色再翻面。炸至兩面呈金黃色即可起鍋，撒上巧克力粉或糖粉（也可以拌些奶粉進去）即完成。

1
2
3
4
5
6
7
8
9

Recipe 09

原味貝果

難度：★★

“運用燙麵手法做出來的貝果，口感紮實又有彈性，直接吃就很好吃，還可以夾火腿夾起司夾果醬！”

☑分量

約6個

☑烤箱預熱

210度

☑食材

高筋麵粉…300g
砂糖…22g
鹽…6g
快速酵母…4g
水Ⓐ…158g
全蛋…15g
無鹽奶油（室溫軟化）…15g
水Ⓑ（燙麵團用）…500g
蜂蜜…2大匙

·觀看影片·

☑步驟

1 將高筋麵粉、砂糖、鹽、酵母、水Ⓐ、全蛋一起放入調理盆中混合，用手搓揉成團。

2 接著移到桌面上，搓揉一陣子讓它變成較軟的麵團後，包入無鹽奶油。

3 繼續揉成均勻、光滑且有彈性的麵團後，在密閉空間裡放一杯熱水，把麵團收圓、蓋上濕布，放進密閉空間裡發酵30分鐘。

4 將發酵完成的麵團排氣，分割成6等分，一個約80克，逐一滾圓後蓋上濕布，靜置鬆弛10分鐘。

5 將小麵團擀平成長方形之後，再從長的一邊往另一邊捲起來。

6 將接合處用手捏緊後，再用雙手將麵團前後滾動、稍微搓長。

7 將麵團的其中一端用大拇指或擀麵棍壓平。

8 把麵團的另一端放上去，用壓平的麵團包起來，並將接合處捏緊就可以了。

9 準備一個口徑寬的鍋子，將水Ⓑ煮滾後轉小火，加入蜂蜜融化，再將麵團放進去每面燙30秒後取出，排列到烤盤上，放進預熱好的烤箱用210度烤18分鐘即完成。

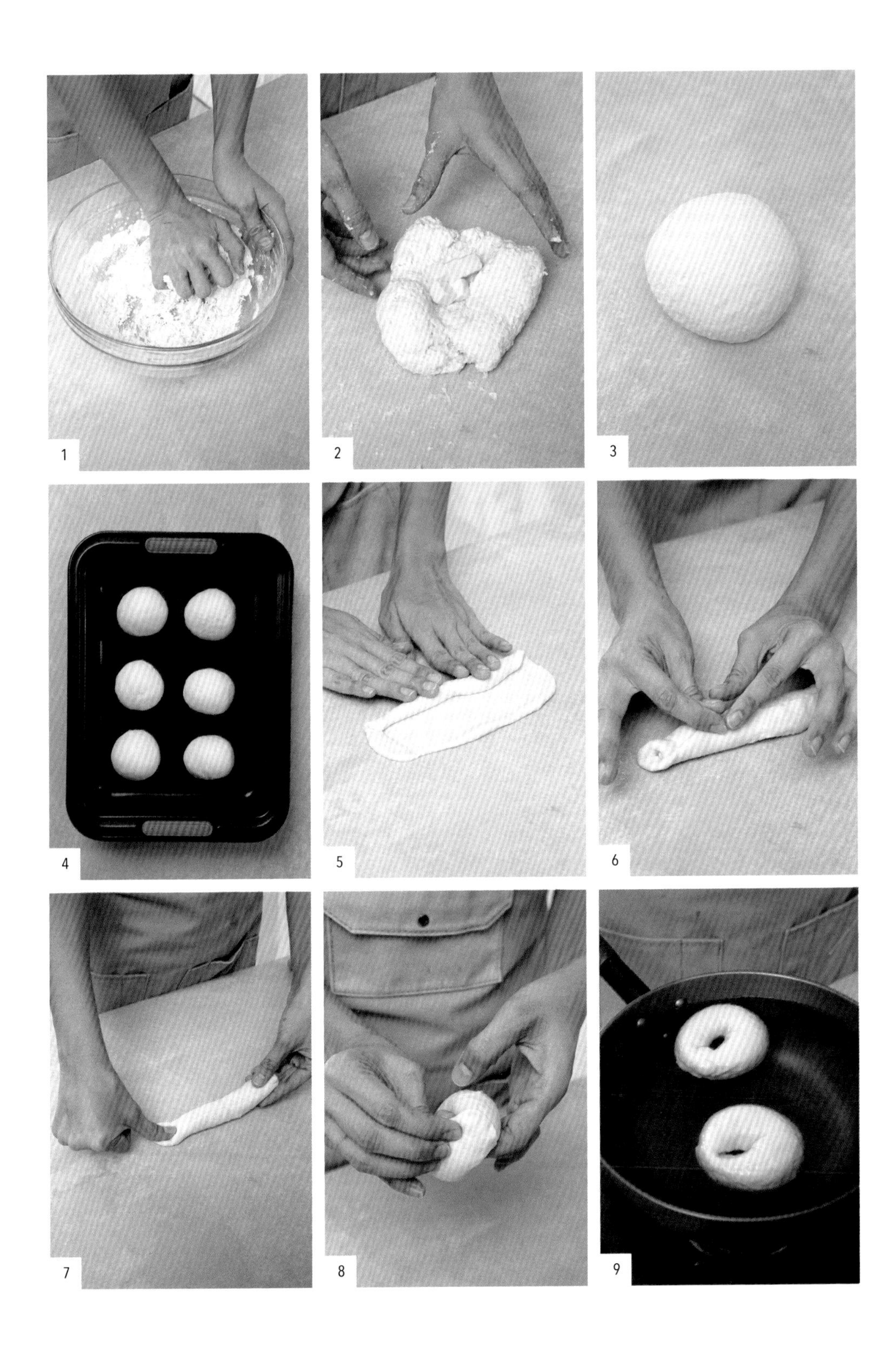
1
2
3
4
5
6
7
8
9

Recipe 10

丹麥吐司

難度：★★★★

“像丹麥這種裹油類的麵包很怕熱（奶油會融化），建議在天氣涼爽，或是有空調的環境製作喔！”

☑分量

1條

☑模具

五兩或六兩吐司模

☑烤箱預熱

170度

☑食材

高筋麵粉…200g
低筋麵粉…50g
奶粉…25g
砂糖…40g
鹽…5g
快速酵母…5g
全蛋…1顆
水（常溫）…100g
無鹽奶油Ⓐ（冷藏）…130g
無鹽奶油Ⓑ（室溫軟化）…20g
蛋黃液…少許

・觀看影片・

1 準備兩張烘焙紙，將冷藏的無鹽奶油Ⓐ切片，放入兩張烘焙紙之間鋪成正方形，擀平至大約1公分厚，再放入冰箱冷藏備用。

2 將高筋麵粉、低筋麵粉、奶粉、砂糖、鹽、酵母、全蛋放入碗中，分次加入水，快速攪拌讓材料成形。

3 搓揉成柔軟的麵團後，再放入無鹽奶油Ⓑ。

4 持續揉到麵團變光滑、可以拉出薄膜的程度。

5 接著把麵團收圓、蓋上濕布，室溫發酵1小時。

棋惠小叮嚀 用手指搓洞，只要不回彈就表示發酵完成了，若回彈就繼續發酵。只要發酵足夠，麵團有充分鬆弛，在下一步驟擀平時就不會回縮太多。

6 麵團發酵完成後排氣，擀平略成長方形，面積要比步驟1的奶油片還大。

1 2 3 4 5 6

7 然後將奶油片從冰箱取出，鋪放到麵團正中間。

8 把麵團比較短的兩邊往中間折，完整覆蓋住奶油片。這個動作稱為三折。

9 如果奶油片凸出來時，就拉一下麵團將它包好，並把收口捏起來。接著用保鮮膜密封包覆，放入冰箱冷藏20分鐘。（第一次三折）

10 將麵團取出後再次擀平成長方形。

11 先把麵團較短的一邊往中間折疊。

12 再把另一邊往中間折疊。接著用保鮮膜密封包覆，放入冰箱冷藏20分鐘。（第二次三折）

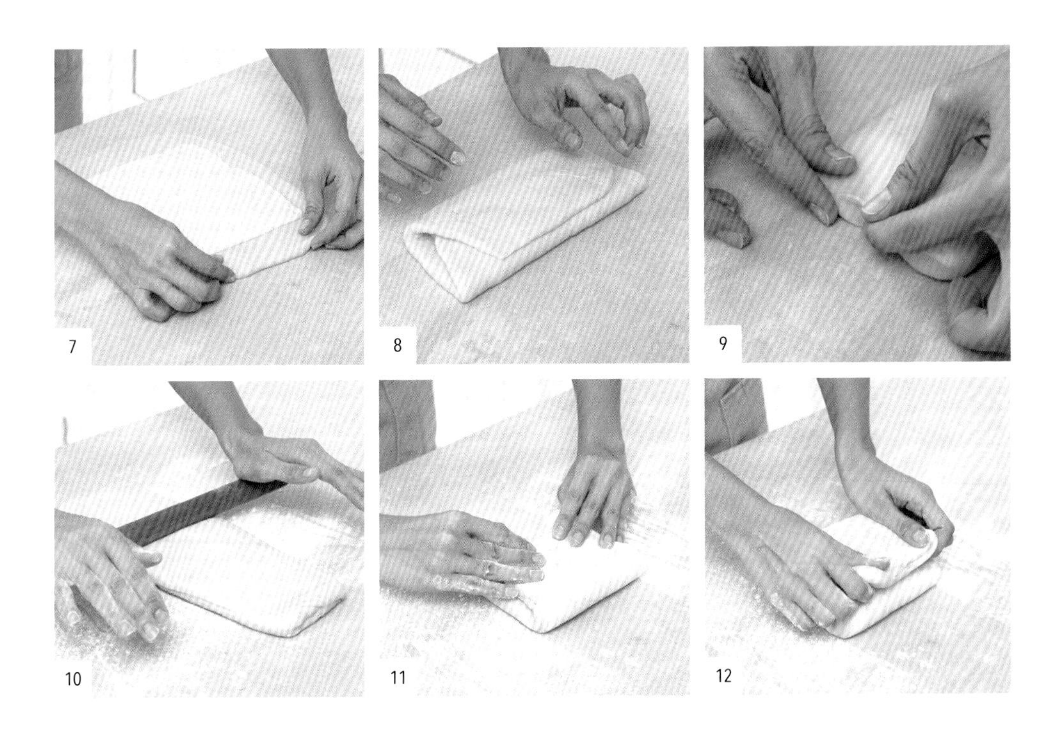

13 最後再進行一次三折（第三次）後，拿出來擀平並對折長邊。

14 然後平均切成三段，頂端部分不要切斷。

15 就像在編辮子一樣，把三段長麵團交叉移動（切面維持朝上），編成一個辮子。

16 編到結尾時，把麵團尾端捏緊、固定。

17 把麵團頭尾把往後面折收，放入吐司模中。密閉空間裡放一杯熱水，將麵團放進去發酵1小時20分鐘，直到膨脹至約一倍半的大小。

18 麵團發酵完成後，將蛋黃液均勻塗抹在上方，放進預熱好的烤箱，用170度烤40分鐘即完成。

棋惠小叮嚀 丹麥麵包在最後發酵與烘烤的時候，下方記得要墊盤子，以免包裹在其中的奶油融化滴得到處都是。

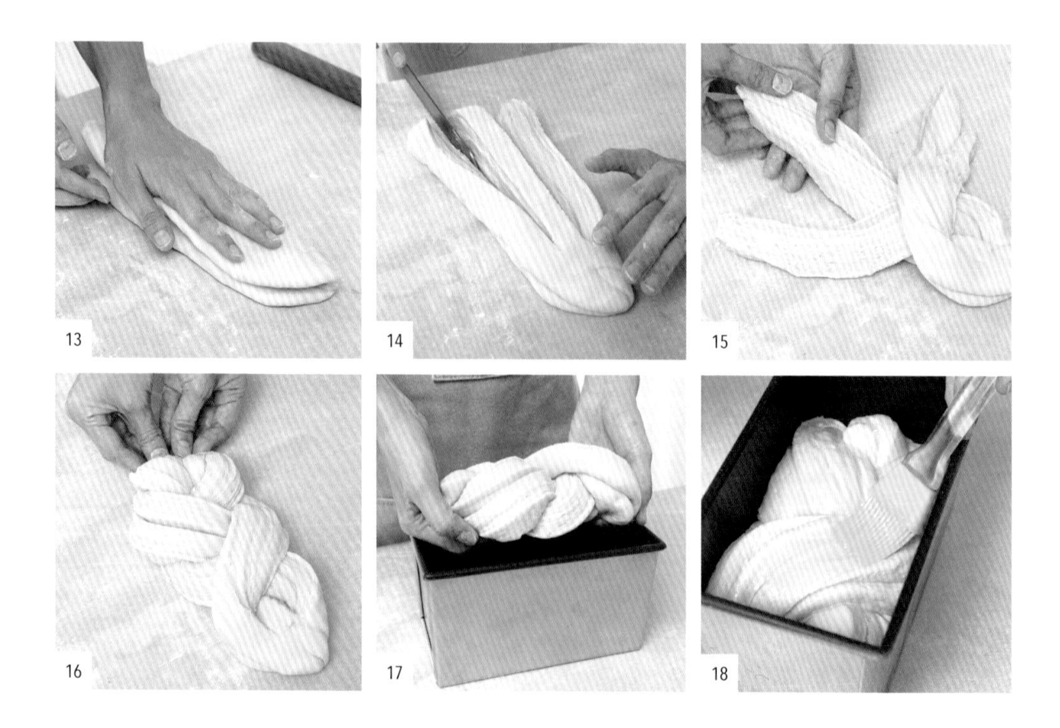

Recipe 11

髒髒包

難度：★★★

“黑漆漆的髒髒包超級具挑戰性，
但大口咬下的濃郁感，讓人好滿足！
這款麵包是「青春甜甜點」的課，
藝人好友們也都挑戰成功。”

☑分量

約8個

☑烤箱預熱

200-210度

☑食材

●麵團

高筋麵粉…200g
低筋麵粉…50g
無糖可可粉…15g
砂糖…18g
鹽…3g
快速酵母…5g
全蛋…1顆
水（常溫）…110g
無鹽奶油Ⓐ（室溫軟化）…25g

●酥皮與內餡

無鹽奶油Ⓑ（冷藏）…135g
巧克力片…70g

●裝飾

鮮奶油…150g
巧克力豆…140g
無糖可可粉…適量

・觀看影片・

1 準備兩張烘焙紙。將冷藏的無鹽奶油Ⓑ切片，在烘焙紙上鋪成一個正方形，蓋上烘焙紙後用擀麵棍擀平，擀至大約1公分厚，放進冰箱冷藏備用。

2 將高筋麵粉、低筋麵粉、無糖可可粉、砂糖、酵母、鹽、全蛋放入碗中，再分次加入常溫水混合均勻。

3 攪拌到成團後，再拿到桌上揉成均勻的麵團。

4 接著加入切塊的無鹽奶油Ⓐ，持續搓揉到麵團變光滑且有彈性。

5 將麵團收圓，放進冰箱冷藏20分鐘。

6 取出麵團，在桌上撒上手粉，將麵團排氣、擀平。

7 從冰箱取出**步驟1**的奶油片，放到麵團的中間。

8 把麵團比較短的兩邊往中間折疊，完整包覆住奶油片，形成一個長方形，並把收口捏起來。用保鮮膜密封包覆，冷藏15分鐘。（第一次三折）

9 麵團取出後再次用擀麵棍擀開成長方形。

10 將較短的一端往中間折疊。

11 再將另一端也往中間折疊。用保鮮膜密封包覆，冷藏15分鐘。（第二次三折）

12 重複最後一次三折（第三次）後，取出冷藏過的麵團，擀成長方形，再切割成8等分。

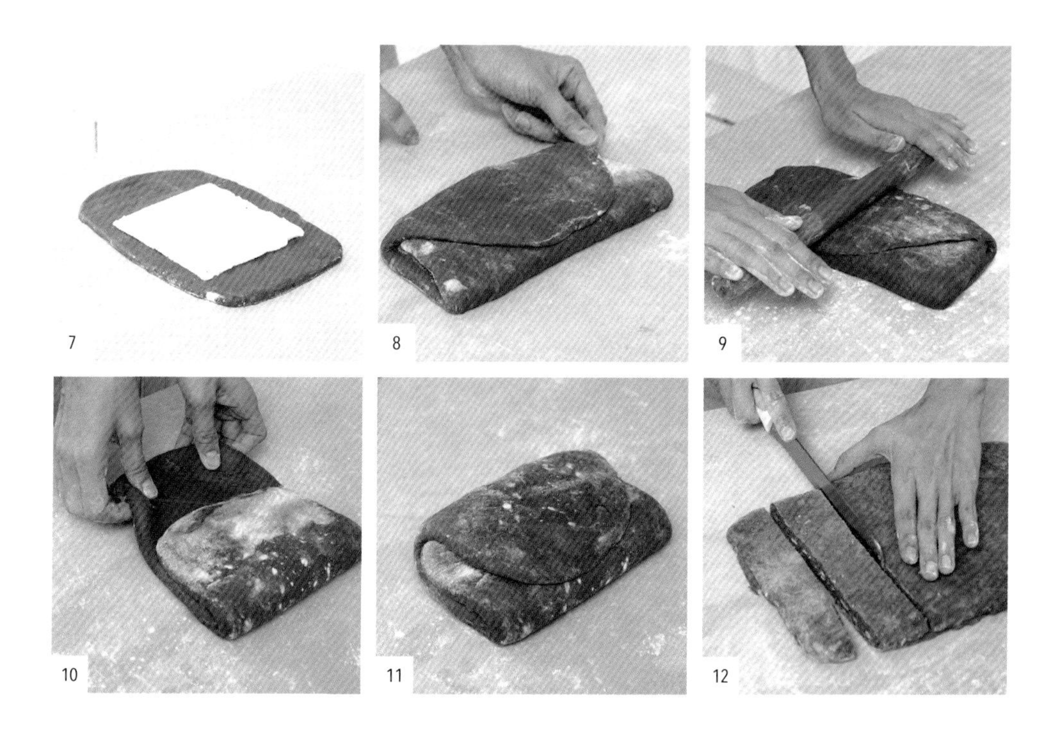

13 將巧克力片放在長條麵團的一端，把它捲起來。

14 捲成像銀絲捲狀，最後放入密閉空間發酵30分鐘（把麵團跟一杯熱水放在一起即可）。發酵好的麵團用預熱好的烤箱以200-210度烤20分鐘即可。

15 麵包烤好放涼後，準備製作甘納許。加熱鮮奶油到小滾後關火，把熱的鮮奶油沖到巧克力豆中。

16 攪拌至巧克力與鮮奶油均勻融合即可。

17 將甘納許淋到烤好的髒髒包上。

18 最後撒上一層無糖可可粉即完成。

Chapter 3

午茶小點心，簡單做就好吃的幸福滋味

Recipe 1 乳酪塔
Recipe 2 古早味肉鬆蛋糕
Recipe 3 熔岩巧克力
Recipe 4 芝麻蛋捲
Recipe 5 巧克力黑糖餅乾
Recipe 6 杏仁瓦片
Recipe 7 香草卡士達泡芙
Recipe 8 提拉米蘇
Recipe 9 生巧克力
Recipe 10 瑪德蓮
Recipe 11 可麗露
Recipe 12 費南雪
Recipe 13 抹茶達克瓦茲
Recipe 14 馬卡龍

成功沒有奇蹟只有累積，烘焙也是。

一期一會的烘焙練習・二

我開始烘焙的動機，是因為有一個愛吃甜點的老公。記得我第一次烘焙，做的是杏仁瓦片，用的還是只能調時間不能調溫度的超迷你烤箱。結果一出爐，有的沒熟，有的有熟，等我把全部烤熟後，那些熟的焦了，過熟的也不美味了。但就算做得七零八落，我老公還是非常捧場地吃了幾片沒焦的，也因為這樣，我下定決心要好好做一份「真正的」甜點給他。

「料理123」是我烘焙領域的貴人，一開始我真的只是個烘焙界的「新手媽媽」，也不知道公司為什麼敢把我放在這裡（笑～）。而且大家都是專業的師傅，只有我一個小小女子，說厲害不厲害，說專業，我也自學沒什麼專業。但既然有了這個難能可貴的機會，我知道我一定要好好把握，我利用工作空檔一再練習、做不好就去找老師進修，努力釐清過程中遇到的問題，找出大家做起來最容易成功的方式。

在每次的節目中，我把之前累積的經驗，很勇敢不怕失敗地呈現在「新手媽媽的無限挑戰」裡。大家看到的那短短幾分鐘的影片，都是我反覆好幾天密集練習的成果。雖然有很多不是很完美的地方，但也謝謝大家一路鞭策及支持，更讓我從「新手媽媽的無限挑戰」晉升為「神手媽媽的無限挑戰」，讓更多人看見不一樣的張棋惠。感謝這個節目，讓更多人可以從娛樂中學到做甜點的方法，享受自己動手做的快樂與成就，謝謝「料理123」！

Recipe 01

乳酪塔

難度：★

“這道點心很適合當下午茶，小小一個不會太飽，
鹹甜鹹甜的滋味，大人小孩都很喜歡。”

· 觀看影片 ·

分量
8個

工具
圓形烤模（直徑7cm、底直徑5cm、深3cm）或杯子蛋糕模具

烤箱預熱
餅乾底：150度
乳酪餡：170度

食材
餅乾底

無鹽奶油（室溫軟化）…115g
糖粉…35g
蛋黃…2顆
低筋麵粉…140g
玉米粉…12g

乳酪餡

奶油乳酪…400g
砂糖…60g
蛋黃…2顆
鮮奶油…20g
玉米粉…4g

步驟
餅乾底

1 用打蛋器將無鹽奶油、糖粉混合均勻，再加入蛋黃攪拌均勻。

2 接著過篩低筋麵粉與玉米粉，用刮刀將餅乾糊的所有材料拌勻。

3 用湯匙將餅乾糊裝填到烤模中，大約1公分高，並將表面整平，放進預熱好的烤箱用150度烤10分鐘即可。若想吃硬一點的口感，可以再烤久一點。
棋惠小叮嚀 如果使用的烤模非不沾黏的，建議事先在模具上塗薄薄的奶油再使用，有助脫模。

乳酪餡

1 隔水加熱奶油乳酪，一邊攪拌待其軟化後加入砂糖，用刮刀攪拌均勻。

2 接著放入蛋黃攪拌均勻，再加入鮮奶油、玉米粉攪拌成滑順的乳酪糊後，放入擠花袋中備用。

組合

1 在烤好的餅乾底上擠一層乳酪餡，完成後把烤模放在桌上輕敲、震出氣泡。

2 最後放進預熱好的烤箱中，用170度烤25分鐘。出爐後脫模即完成。

Recipe 02

古早味肉鬆蛋糕

難度：★★

“久沒吃到會懷念的小時候味道，
軟綿的蛋糕體，簡單樸實卻吃不膩。”

☑分量
1條

☑工具
長方形烤模
（長24×寬13×高6cm）

☑烤箱預熱
150度

☑食材
植物油…70g
低筋麵粉…85g
蛋黃…6顆
牛奶…55g
蛋白…6顆
砂糖…80g
鹽…1g
肉鬆…適量

☑步驟
1 植物油隔水加熱至小滾，加入低筋麵粉用刮刀攪拌至有點乳化後離火，接著加入3顆蛋黃拌勻，再加3顆蛋黃與牛奶，攪拌均勻。

2 蛋白加鹽，用電動攪拌器打發到起泡後，分3次加入砂糖，持續打發到出現紋路、用攪拌器提起時可形成短尖、下垂的形狀，即完成蛋白霜。

3 將少許的蛋白霜放入**步驟1**的麵糊中，用刮刀**翻**拌混合後，再將麵糊倒回剩下的蛋白霜中，**翻**拌均勻即可。

4 烤模中鋪好烘焙紙，先倒入約一半的麵糊，撒上適量肉鬆，再倒入剩下的麵糊，用刮刀整平表面後，上層再撒上少許肉鬆。

5 將烤模在桌上輕敲幾下、震出空氣，即可放進預熱好的烤箱，用150度烤60分鐘即完成。

·觀看影片·

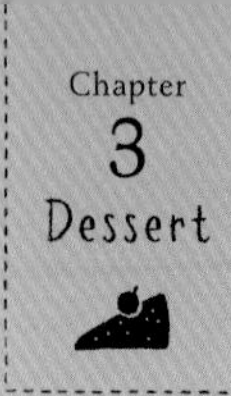

Recipe 03

熔岩巧克力

難度：★★

“這款甜點我用的是苦甜巧克力，
甜度沒那麼高，是大人會喜歡的味道。
特別的節日，為另一半親手做一份吧☺”

分量

6個

工具

中空圓形模（直徑6cm）

烤箱預熱

210度

食材

甘納許

鮮奶油…40g
無鹽奶油…40g
苦甜巧克力…100g

巧克力蛋糕

鮮奶油…80g
無鹽奶油…60g
苦甜巧克力…130g
全蛋…200g
低筋麵粉…28g
可可粉…20g
防潮糖粉…少許

· 觀看影片 ·

☑步驟

甘納許

1 將鮮奶油、無鹽奶油一起隔水加熱至融化，加入苦甜巧克力後關火，持續攪拌到均勻滑順為止。

棋惠小叮嚀 鮮奶油直接加熱容易燒焦，推薦新手用隔水加熱的方式，比較安全、容易操作。

2 在盤上鋪一層烘焙紙，倒入**步驟1**的巧克力，鋪平。

3 再覆蓋上一層烘焙紙，放進冰箱冷凍最少15分鐘，直到凝固。

巧克力蛋糕

1 將鮮奶油、無鹽奶油一起隔水加熱至融化，加入苦甜巧克力後關火，持續攪拌到融化。

2 接著倒入蛋液，攪拌均勻。

3 再加入過篩的低筋麵粉、可可粉，攪拌均勻後放入擠花袋中備用。

組合

1 從冰箱中取出冷凍的甘納許，切塊備用。

2 準備中空的圓形模，下層包鋁箔紙後放在烤盤上，先擠入一半的麵糊。

3 中間放甘納許，擠麵糊到七、八分滿後，把烤盤在桌上稍微敲一敲、震出空氣，再放進預熱好的烤箱，用210度烤6-7分鐘。出爐後脫模、撒上防潮糖粉即完成。

甘納許
1
2
3
巧克力
1
2
3
組合
1
2
3

Recipe 04

芝麻蛋捲

難度：★★

“完全純手工的蛋捲，吃得安心又好有成就感，
沒吃完記得趕快密封保存，以免受潮軟掉。”

分量
13-15根

工具
不沾鍋平底鍋、筷子
糖餅壓餅器

食材
無鹽奶油
（室溫軟化）…180g
砂糖…90g
全蛋…4顆
低筋麵粉…90g
芝麻…適量

步驟
1 將無鹽奶油用電動攪拌器均勻打軟至變淺黃色，再分次加入砂糖繼續打勻。

2 接著分次加入蛋液，打至蛋液與奶油混合。蛋液一次加完容易油水分離，因此每次加蛋液時，都要確定吃進奶油裡了，再加下一次。

3 最後分次加入低筋麵粉，用刮刀將麵糊攪拌均勻後，放在室溫下鬆弛1小時。

4 先將平底鍋預熱，放入一匙麵糊（大約是一匙冰淇淋杓的量），並撒上芝麻，用烘焙紙鋪在上方後，再用糖餅壓餅器畫圓般地移動、快速壓平。

5 煎至蛋捲皮上色、搖晃鍋子會滑動後拿起，趁熱用筷子捲起來，放涼即完成。

· 觀看影片 ·

Recipe 05

巧克力黑糖餅乾

難度：★

“這款美式軟餅乾大人小孩都喜歡，
外酥內軟又濃郁，冷熱吃都好吃。”

☑分量

依喜好的餅乾大小
決定數量

☑烤箱預熱

160度

☑食材

無鹽奶油…250g
黑糖…180g
砂糖…40g
鹽…少許
全蛋…1顆
蛋黃…1顆
牛奶…35g
香草精…少許
高筋麵粉…350g
泡打粉…1小匙
巧克力豆…160g

☑步驟

1 先將無鹽奶油融化成液態（可用隔水加熱方式）之後，加入黑糖、砂糖、鹽，用刮刀攪拌均勻。

2 接著依序加入蛋黃、全蛋、牛奶、香草精，一邊加入一邊拌勻。

3 將高筋麵粉與泡打粉混合，先過篩一半到**步驟2**中，拌勻後再加入另一半繼續攪拌，最後加入巧克力豆拌勻，放冰箱冷藏30-40分鐘。

4 在烤盤上鋪烘焙紙，將巧克力餅乾糊用湯匙挖到烤盤上，放進預熱好的烤箱中，用160度烤10分鐘即完成。
棋惠小叮嚀 用冰淇淋杓來挖餅乾糊很好用。

· 觀看影片 ·

Recipe 06

杏仁瓦片

難度：★

“這道食譜堪稱史上最最最容易上手，
也是我第一次挑戰的烘焙作品，推薦給你們！”

☑分量
6-7個

☑工具
中空圓形模（直徑6cm）

☑烤箱預熱
150-160度

☑食材
砂糖…90g
全蛋…1顆
蛋白…1顆
鮮奶油…38g
低筋麵粉…28g
烤熟杏仁片…240g
水…適量

☑步驟
1 將砂糖、全蛋、蛋白一起放入鍋中隔水加熱，一邊用刮刀攪拌至糖完全融化後離火。

棋惠小叮嚀 加蛋白可以讓餅乾有脆脆的口感。

2 加入鮮奶油混合後，分2次過篩低筋麵粉，用刮刀輕輕攪拌均勻。

3 接著放入杏仁片，攪拌均勻後，封上保鮮膜冷藏30分鐘，讓質地變得黏稠。

4 在烤盤上鋪烘焙紙，依序用叉子挖杏仁餅乾糊上去，鋪平，再噴少許水。

棋惠小叮嚀 我都使用叉子來將杏仁餅乾糊均勻推平，比任何器具都好用。也可以將餅乾糊放進模具中塑形成厚圓餅狀，做成有厚度的杏仁餅乾。

5 將杏仁餅乾糊放進預熱好的烤箱中，用150-160度烤10分鐘即完成。

·觀看影片·

Recipe 07

香草卡士達泡芙

難度：★★★

“泡芙可以依照自己喜好調整大小，
做成一口一顆的小泡芙也很可愛！
泡芙在烤箱成功膨起的這一刻，會很有成就感！”

分量

10個

烤箱預熱

190度

食材

卡士達醬

牛奶…200cc
香草莢…半根
蛋黃…2顆
砂糖…45g
玉米澱粉…25g

泡芙

水…140g
無鹽奶油…70g
鹽…1g
低筋麵粉…100g
全蛋…5顆
蛋液…適量

觀看影片

☑步驟

卡士達醬

1 將香草莢縱切開來後，用刀背把香草籽刮出來。

2 將香草籽連同豆莢放入牛奶中，用小火煮至微溫後，取出香草莢。

3 將砂糖與蛋黃拌勻後，倒入**步驟2**的牛奶混勻，再用小火煨煮。

4 接著加入過篩的玉米澱粉，不停攪拌煮成濃稠狀，即是卡士達醬。

5 將煮好的卡士達醬裝入耐熱的玻璃容器中。

6 用保鮮膜完整封貼在卡士達醬上，以免水氣跑進去，放冰箱冷藏40分鐘以上。

棋惠小叮嚀

煮卡士達醬時，有兩件事很重要。首先，加熱蛋黃與牛奶時不能過熱，不然煮一煮會變成蛋花。此外，玉米澱粉一定要記得過篩，如果沒過篩直接拌進去，就會產生明顯的顆粒。

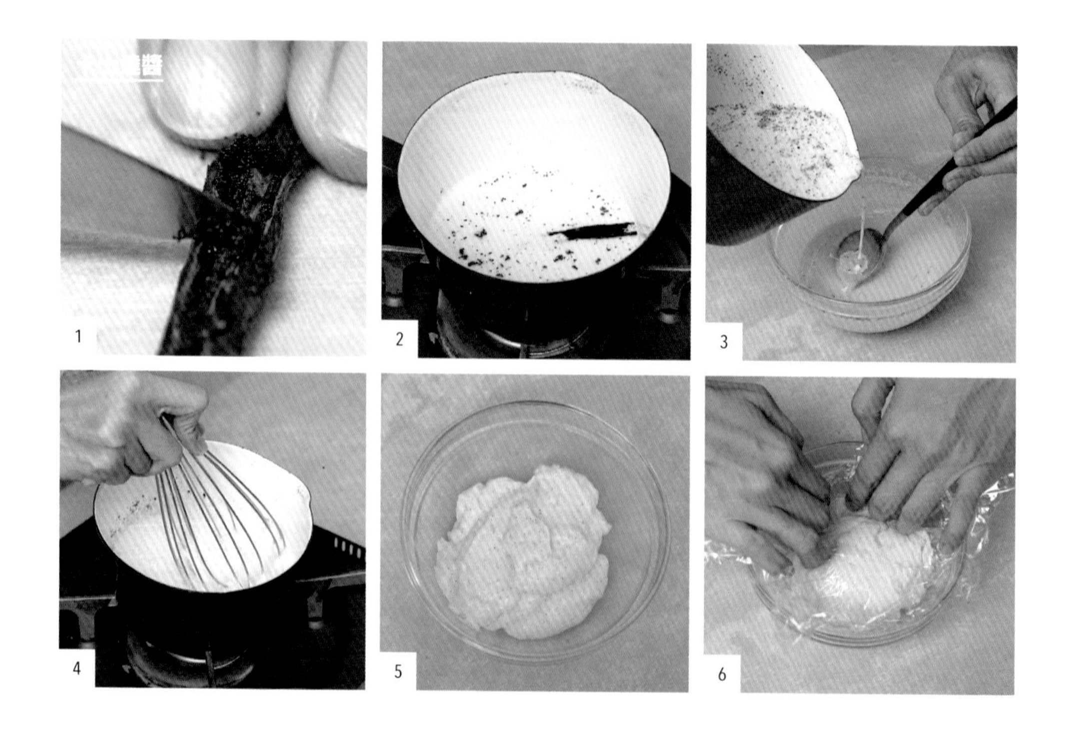

泡芙

1 將水、無鹽奶油、鹽放入鍋中，一邊加熱一邊攪拌，煮滾時關火，趁熱加入過篩的低筋麵粉混合均勻。

2 充分混合到麵糊幾乎不會沾黏在鍋上的程度。

3 接著分3次加入蛋液，用壓拌的方式混合均勻（蛋液絕對不能一次加入，必須有耐心地分次攪拌，才會乳化均勻）。

4 當拉起麵糊時，麵糊會緩緩向下流，呈現倒三角，即表示麵糊完成。

5 將麵糊裝進擠花袋後，在烤盤上擠出一個一個的圓（直徑大約5公分），麵糊之間保留適當距離，然後用湯匙背面在麵糊表面刷上些許蛋液後，放進預熱好的烤箱先用190度烤20分鐘，再轉170度烤15-20分鐘。
棋惠小叮嚀 切記烘烤過程中不能開烤箱讓冷空氣進去。

組合

1 取出烤好的泡芙放涼後，將卡士達醬放進擠花袋，從泡芙底戳一個洞，灌入卡士達醬即完成。

提拉米蘇

難度：★

“也很適合用小玻璃罐或小型容器製作，
分送給家人、朋友一起吃！”

觀看影片

分量

1個（使用大的方型玻璃盒盛裝）

烤箱預熱

175度

食材

手指餅乾

蛋黃…2顆
砂糖Ⓐ…12g
蛋白…2顆
砂糖Ⓑ…50g
低筋麵粉…50g
糖粉…30g
濃縮咖啡液…少許

馬斯卡彭起司餡

蛋黃…4顆
砂糖Ⓐ…10g
馬斯卡彭起司…250g
蛋白…4顆
砂糖Ⓑ…30g

裝飾

Oreo餅乾…一條
無糖可可粉…少許
薄荷葉…少許

步驟

手指餅乾

1 將蛋黃與砂糖Ⓐ混合均勻。

2 用電動攪拌器先將蛋白打至起泡後，分次加入砂糖Ⓑ打到硬性發泡（呈現硬挺的短尖鉤狀），即完成蛋白霜。

3 將少許的蛋白霜放入**步驟1**的蛋黃液中，用刮刀翻拌混合後，再倒回剩下的蛋白霜中翻拌均勻，接著加入過篩的低筋麵粉一起翻拌。

4 把麵糊倒入擠花袋裡，使用扁長條型的花嘴，在烤盤上擠出約食指長度的條狀，大約可擠出10條。撒上糖粉，放進預熱好的烤箱中，用175度烤13分鐘即可。

馬斯卡彭起司餡

1 將蛋黃先與砂糖Ⓐ混合均勻，再加入馬斯卡彭起司拌勻。

2 用電動攪拌器將蛋白打至起泡後，分次加入砂糖Ⓑ，打到呈現短尖鉤狀的硬性發泡。

3 再將打好的蛋白霜取少許的量放入**步驟1**中輕柔拌勻，再倒回剩下的蛋白霜中，翻拌均勻即可。

組合

1 先在容器底部放入一層馬斯卡彭起司餡，再將手指餅乾沾上咖啡液（可以加少許蘭姆酒混合，提升香氣）後鋪上去，形成第二層，最後鋪滿一層馬斯卡彭起司餡，放入冰箱冷藏4小時。

2 取出後撒上剁碎的Oreo餅乾、無糖可可粉，再用薄荷葉裝飾即完成。

棋惠小叮嚀 這裡示範的作法，是做成一個大的提拉米蘇，也可以自己買喜歡的容器分裝。

Recipe 09

生巧克力

難度：★★

“屬於大人口味、帶點苦味的巧克力，
入口非常濃郁，是我老公很愛的甜點。”

☑分量

長寬約10公分的方形，
再分切小塊

☑食材

70%黑巧克力
（鈕扣狀）...150g
動物性鮮奶油…110g
蘭姆酒…10g
鹽…1小撮
無糖防潮可可粉
（裝飾用）…適量

☑步驟

1 將黑巧克力以中小火隔水加熱至融化，加少許鹽巴提味。

棋惠小叮嚀 如果是用巧克力磚，要事先切碎再加熱。注意加熱的溫度不能過高，否則會導致巧克力油水分離。

2 再準備一個小鍋子，將鮮奶油加熱至起小泡後離火（過程中不需要攪拌）。

3 將鮮奶油倒入黑巧克力中，一邊攪拌並加入蘭姆酒，用調理棒打至光滑細緻。（如果沒有調理棒，也可以直接使用打蛋器或刮刀拌勻。）

4 用烘焙紙或鋁箔紙摺出一個約10公分大小的方形容器，倒入**步驟**3後，冷凍約3小時至凝固。

5 刀子用熱水泡熱，將生巧克力切成方形的小塊狀（示範圖大約是20塊），最後撒上防潮可可粉即完成。

3

4

5

Recipe 10

瑪德蓮

難度：★★

“烤好的瑪德蓮先放一個晚上再吃，
味道會更融合，口感更濕潤喔！”

☑分量
8個

☑工具
瑪德蓮模具

☑烤箱預熱
170度

☑食材
全蛋…2顆
砂糖…75g
低筋麵粉…80g
無鹽奶油…90g
蜂蜜…15g
融化奶油（模具防沾黏用）…少許
低筋麵粉（模具防沾黏用）…少許

☑步驟
1 先將無鹽奶油融化成液態（可用隔水加熱方式）備用。

2 將全蛋與砂糖攪拌均勻後，加入過篩的低筋麵粉拌勻，再依序加入融化的無鹽奶油、蜂蜜拌勻。拌勻的力道要輕柔，尤其加入麵粉後，動作愈輕愈好，以免出筋。

3 將攪拌好的麵糊包上保鮮膜，放入冰箱冷藏3個小時。

4 將瑪德蓮模具內層塗上融化奶油、撒上低筋麵粉，並將多餘的麵粉拍出來（可在桌上先放一張烘焙紙，方便清理桌子），倒入麵糊至七分滿。

5 放進預熱好的烤箱中，用170度烤20分鐘。取出放涼後脫模即完成。

·觀看影片·

Recipe 11

可麗露

難度：★★

“號稱「天使鈴鐺」的夢幻甜點，
值得你用耐心來等待它的美味。”

☑分量
5個

☑工具
可麗露模具

☑烤箱預熱
220度

☑食材
牛奶…200g
無鹽奶油…20g
高筋麵粉…40g
無糖可可粉…5g
鹽…少許
糖粉…70g
全蛋…1顆
蛋黃…1顆
香草精…少許
蘭姆酒…15g
融化奶油（塗抹模具用）…少許
蜂蜜（塗抹模具用）…少許

☑步驟
1 先將牛奶、無鹽奶油放入鍋中用中火加熱，一邊攪拌，煮到微滾、鍋邊起小泡即可，關火放涼備用。

2 將高筋麵粉、可可粉過篩後與鹽混合備用。

3 把糖粉、全蛋、蛋黃攪拌均勻後，加入香草精混合。

4 將**步驟1**、3混合後，再分次加到**步驟2**的粉類中混合均勻，如果出現結塊，就用濾網過濾掉。接著用保鮮膜包覆，放入冰箱冷藏一天進行糊化。

5 在冷藏一夜、呈現稀狀的麵糊中加入蘭姆酒攪拌。

6 將可麗露模具內層塗上融化奶油，再抹上薄薄一層蜂蜜（增加脆度）後，把麵糊倒入模具中約七分滿。

7 放進預熱好的烤箱中，用220度烤65分鐘。取出放涼後脫模即完成。

· 觀看影片 ·

Recipe 12

費南雪

難度：★

“散發著甜甜蜂蜜香氣的濕潤口感，
做起來費時，卻好吃到讓人欲罷不能。”

☑分量

8個

☑工具

費南雪模具

☑烤箱預熱

190度

☑食材

無鹽奶油…55g
砂糖…65g
中筋麵粉…22g
杏仁粉…20g
榛果粉…6g
蛋白…80g
蜂蜜…3g
堅果類（南瓜籽、蔓越莓乾、杏仁片等等）…適量
融化奶油（模具防沾黏用）…少許
低筋麵粉（模具防沾黏用）…少許

☑步驟

1 製作焦化奶油：將無鹽奶油放入鍋中用中小火煮至融化，過程中會先冒大泡再冒小泡，最後呈褐色即可。

2 將榛果粉放到烤箱用150度烤4-5分鐘，烤好後與砂糖、中筋麵粉、杏仁粉一起混合均勻（粉類無需過篩）。

3 接著在粉類中依序加入：一半的蛋白→蜂蜜→一半的蛋白→焦化奶油，每回都需要攪拌均勻後再加入下一個食材，最後拌成均勻的麵糊。

4 在費南雪模具內層抹上一層融化奶油、撒上低筋麵粉，接著將麵糊倒進模具中，約九分滿的程度。

5 點上南瓜籽、蔓越莓乾、杏仁片等堅果，放進預熱好的烤箱中，用190度烤7-10分鐘，取出放涼後脫模即完成。

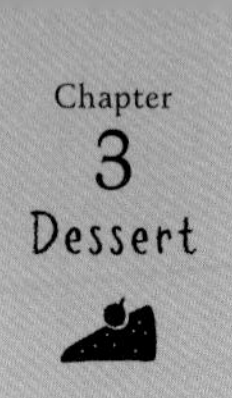

Recipe 13

抹茶達克瓦茲

難度：★★★

“達克瓦茲和馬卡龍併稱烘焙界的大魔王，
只要克服他們，你就是甜點高手！”

☑分量

7個

☑工具

達克瓦茲模具

☑烤箱預熱

170度

☑食材

外殼

糖粉Ⓐ…60g
馬卡龍專用杏仁粉…50g
低筋麵粉…15g
抹茶粉Ⓐ…10g
蛋白…120g
砂糖…50g
糖粉（撒於麵糊用）…適量

內餡

無鹽奶油（室溫軟化）…120g
糖粉Ⓑ…45g
動物性鮮奶油…60g
抹茶粉Ⓑ…10g

觀看影片

☑步驟

●外殼

1 將糖粉Ⓐ、杏仁粉、低筋麵粉、抹茶粉Ⓐ過篩後備用。

2 將蛋白用電動攪拌器先打至起粗泡，接著分次加入砂糖，持續打發。

3 打至硬性發泡（呈現短尖鉤狀），即完成蛋白霜。

4 將**步驟1**的粉類先倒一半到蛋白霜中，以翻拌手法輕柔混勻（避免蛋白霜消泡）。

5 再次倒入另一半的粉類，同樣以翻拌手法輕柔混勻，然後放入擠花袋。

6 在烤盤上鋪烘焙紙，放上達克瓦茲模具，將麵糊擠在模具中。大約可以擠14片。

7 接著用刮板刮過麵糊表面，讓表面變得平整。

8 最後把模具拿起來，用細篩網在麵糊上撒糖粉。

9 將烤盤放進預熱好的烤箱中，以上火180度/下火160度，烤12-15分鐘，即可取出放涼。

棋惠小叮嚀 如果家中烤箱無法調整上下火，將火力取中間值170度即可。

●內餡

1 將無鹽奶油用電動攪拌器打勻後，依序加入糖粉Ⓑ、鮮奶油拌勻。

2 再加入抹茶粉Ⓑ用刮刀拌勻，即製成內餡。放入擠花袋中備用。

●組合

1 把內餡擠在一片外殼中間，蓋上另一片外殼，組合在一起即完成。

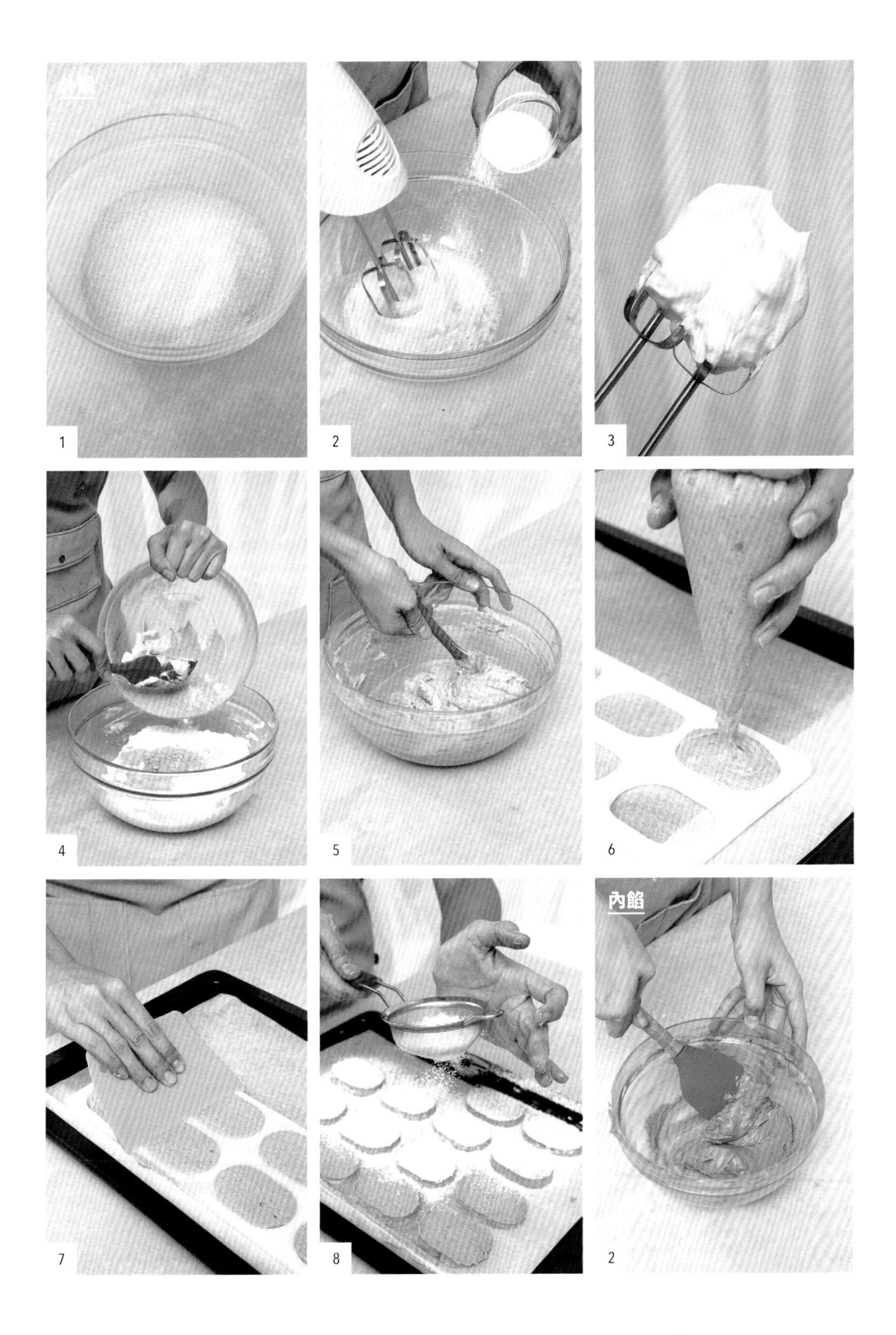
1
2
3
4
5
6
內餡
7
8
2

Recipe 14

馬卡龍

難度：★★★★★

“本章節的最後一道，就是大魔王馬卡龍，
全世界最嬌貴的甜點，需要最高規格的對待。”

☑分量

40顆

☑烤箱預熱

150度

☑食材

● 外殼

馬卡龍專用杏仁粉…150g
糖粉…150g
蛋白…65g
食用色素
（紫色或其他喜歡的顏色）…適量

砂糖…290g
水（常溫）…118g
蛋白…118g

● 內餡

牛奶…90g
香草莢（可用香草醬取代）…1根
砂糖…40g
全蛋…1顆
無鹽奶油（室溫軟化）…200g
檸檬皮屑（增添香味用，也可用檸檬汁）…適量

· 觀看影片 ·

☑步驟

● 外殼

1 將杏仁粉過篩兩次備用。蛋白中先加入糖粉Ⓐ攪拌，再加入杏仁粉。

棋惠小叮嚀 過篩時建議使用湯匙，不要用手壓粉，以免油脂跑出來。

2 用翻拌的方式持續拌到均勻混合的狀態。

3 接著用牙籤沾取少許的色膏（或色粉），加入混合好的杏仁糊中。

棋惠小叮嚀 色膏的染色力很強，一點點就可以染出很深的顏色。

4 拌勻，把杏仁糊調成自己喜歡的顏色後，備用。

5 準備一個小鍋，放入水及砂糖煮至130度。過程中不要搖晃鍋子也無須攪拌。

6 在煮砂糖與水的同時，用電動攪拌器打發蛋白至7-8分發為止。

7 接著將**步驟**5的糖水倒入**步驟**6的蛋白霜中，用電動攪拌器的高速打發。

8 打到手摸盆底時感覺約是洗澡水的熱度，且蛋白霜表面變得很光滑即可。

9 用刮刀將蛋白霜先挖一半到**步驟**4的杏仁糊中。

10 混合均勻後，再倒回剩下的蛋白霜中翻拌均勻。

11 拌到用刮刀拉起來時，往下流動的麵糊會呈緞帶狀，就表示完成了。在麵糊上均勻撒上少許糖粉，完成後拿起烤盤，拍一拍烤盤底部，震出多餘空氣。

12 將麵糊裝入擠花袋中，烤盤上鋪烘焙紙，用平口花嘴擠出一個一個的圓（麵糊的大小可依個人喜好決定）。完成後拿起烤盤，拍一拍烤盤底部，震出多餘空氣。

棋惠小叮嚀 建議在烘焙紙下方墊上畫有圓圈的墊子，做為擠麵糊形狀的參考。此外，還可以在麵糊上撒上食用亮粉或者食用裝飾糖，增添華麗感。

13 表面如果有不平滑的地方，就拿牙籤在麵糊中間頂端用畫圓的方式整平。接著烤箱開旋風功能，先以低溫60度烘7分鐘，使表面結皮。

棋惠小叮嚀 **馬卡龍麵糊一定要確認表面結皮了，用手輕觸時絕對不黏手的程度才能開始烤焙。**

14 再以150度烤13分鐘，即可取出放涼。

內餡

1 香草莢縱切開後，用刀背刮出香草籽。把牛奶、香草籽及砂糖一起加熱至65-70度後關火，再加入全蛋，用小火煮到變稠狀後離火。

2 接著倒入大的調理碗中，再加入切成小塊的無鹽奶油。

3 打發後加入檸檬皮屑調味即完成。

組合

1 把內餡擠在一片外殼中間，蓋上另一片外殼即完成。

13 14 1 2 3 1

成功做出馬卡龍，為沒有專業背景的我，帶來了很大的肯定跟成就感。
從一個完全沒接觸過烘焙的新手到現在，
做甜點對我不只療癒，更是改變生命的轉捩點。
過程中當然有很多挫折跟失敗，但我從來沒有放棄，
也因為經過一次又一次的練習，才有了現在這本書。

比起講究專業的技法、工具，我更希望大家在過程中感受到烘焙的快樂。
先開始第一步吧！簡單的小餅乾、布丁，
不要太在意成品是不是跟店裡賣的一樣漂亮，
即使有點瑕疵，也是自己做的、世界上獨一無二的甜點！

Bonne Maman
Bonne Maman

Chapter 4

派對蛋糕&塔派，大顯身手的重要時刻

每一個成功的甜點，都是給自己最好的回饋

烘焙是療癒的事，但對我來說，也是像生命般嚴肅的事。因為它讓我有一個完全不同的人生。

加入「料理123」團隊，在大家的支持下累積越來越多會做的甜點後，為了可以在節目上將所學正確傳達給大家，我開始到處找老師上課。藝人的工作不固定，有時候錄影一整天到半夜，隔天一早4、5點又要外景，加上我還有家庭、孩子要照顧，時間非常零碎。好在現在烘焙教室變多，我上網找了一連串課程，一有空檔就努力精進，花的每一分錢都是自己投資自己。

以前我自己在家練習的時候都是看YouTube影片跟網路作法，簡單的還可以，但遇到比較高難度的甜點後，我深深體會到上課進修是如此的重要。網路影片因為時間限制，有些細節比較難呈現，但如果是在上課中，老師就會解釋提醒。例如馬卡龍，我沒去上課前照著網路7、8個版本做，全部失敗，上課的時候就直接做出美妙的馬卡龍，因為老師說的幾個重點，失敗的7、8次我全都犯。當你有某幾道甜點老是失敗，那就找烘焙教室報名去吧～會恍然大悟的！

當然，除了上課外，食譜也是很好的進修方式，因為上面寫的配方、作法，都是老師們嘗試過很多次的精華。我在這本書中收錄的，也都是自己真的挑戰成功過的甜點，哪裡容易失敗、要特別注意的關鍵，都寫在裡面。烘焙永遠都需要練習，我可以做到的，你們一定也可以！

Recipe 01

芒果玫瑰珍珠塔

難度：★★★

“看起來很厲害的芒果玫瑰其實so easy，
第一次做就美翻，超有成就感！”

☑分量

1個

☑工具

6吋塔模

☑烤箱預熱

塔皮：180度

組合內餡：120度

☑食材

● 塔皮

中筋麵粉…150g

無鹽奶油（冷藏，切小塊）…100g

馬卡龍專用杏仁粉…50g

鹽…2g

糖粉…5g

全蛋…1顆

● 內餡

奶油乳酪（室溫軟化）…300g

有鹽奶油（融化）…40g

鮮奶油…40g

全蛋…1顆

三溫糖…45g

檸檬汁…半顆（約10g）

● 裝飾

芒果…1-2顆

珍珠裝飾糖…適量

食用金粉…適量

☑步驟

● 塔皮

1 先將中筋麵粉與無鹽奶油用手抓捏後，加入杏仁粉、鹽、糖粉抓勻，讓奶油融入麵粉中。

2 接著分次加入蛋液抓勻成團，揉到麵團光滑、不黏手、手跟盆子都幾乎變乾淨的程度。再用保鮮膜包起，放入冰箱冷藏鬆弛至少1小時。

3 桌上撒點手粉，將塔皮取出後擀平，放到塔模上。將塔皮與塔模內緣壓合後，用擀麵棍擀斷多餘的塔皮，再將塔皮稍微往上推高（避免回縮），然後用叉子在塔皮上戳洞。接著在塔皮上墊烘焙紙鋪滿紅豆（或其他豆類、生米等重物），防止塔皮烤時膨脹變形，放進預熱好的烤箱中，用180度烤18分鐘後取出。

● 組合內餡

1 將有鹽奶油隔水加熱融化成液態備用。奶油乳酪先稍微拌軟後，依序將有鹽奶油、鮮奶油、全蛋、三溫糖、檸檬汁，分次加入拌勻。

2 將內餡倒入烤好的塔皮中，大約倒到八分滿即可。

3 用抹刀由外往內劃、整平表面，再把塔模輕敲桌面、震出空氣。放進預熱好的烤箱，用120度烤35分鐘，放涼後冷凍過再拿出來裝飾。

4 將芒果切薄片，從塔的中間往外一片一片交錯環繞擺放。
棋惠小叮嚀 芒果片先用餐巾紙稍微吸乾，不然容易出水，影響口感。

5 依序疊上芒果片，裝飾成玫瑰花形狀。

6 最後撒上珍珠糖及金粉即完成。

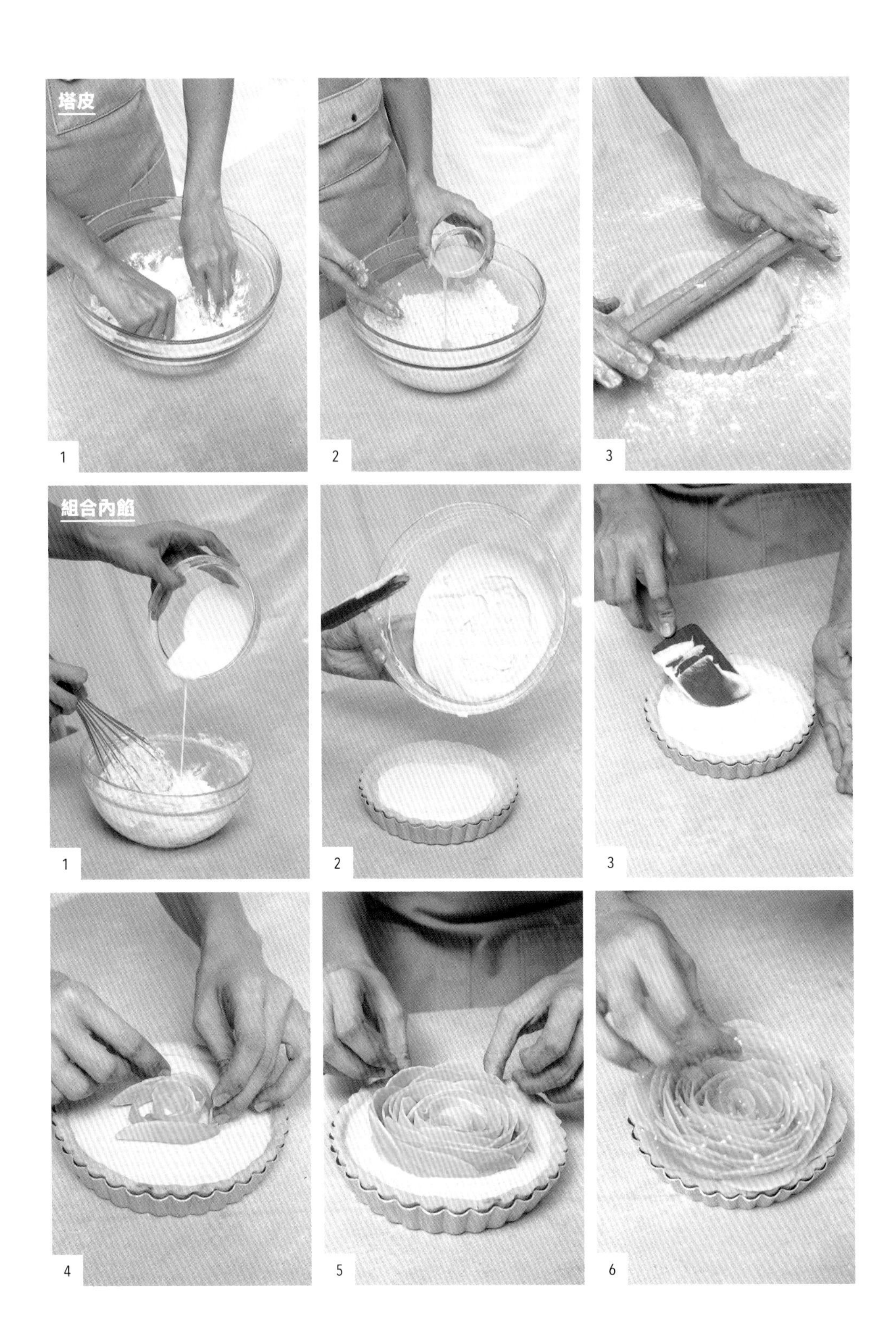
塔皮
1
2
3
組合內餡
1
2
3
4
5
6

Recipe 02

焦糖蘋果塔

難度：★★

“高登是我的偶像，他做的焦糖蘋果塔很有名，
這就是我向他致敬的甜點。
同時使用紅、青蘋果，酸甜適中、香氣更有層次。”

☑分量

1個

☑工具

6吋塔模

☑烤箱預熱

塔皮：180度
組合內餡：180度

☑食材

●塔皮

中筋麵粉…200g
無鹽奶油（冷藏，切小塊）…100g
糖粉…2g
鹽…1小撮
牛奶…2大匙
全蛋…1顆

●內餡

紅蘋果…2個
青蘋果…2個
砂糖…60g
無鹽奶油（融化）…30g

·觀看影片·

☑步驟

●塔皮

1 先將中筋麵粉與無鹽奶油用手抓捏，再加入糖粉、鹽、牛奶混合，接著分次加入蛋液，揉成均勻的麵團後，包覆保鮮膜，放入冰箱冷藏鬆弛至少1小時。

2 桌上撒點手粉，將塔皮取出後擀平，放到塔模上。將塔皮與塔模內緣壓合後，用擀麵棍擀斷多餘的塔皮，再用手指將塔皮稍微往上推高（避免回縮），然後用叉子在塔皮上戳洞。

3 塔皮上鋪一張烘焙紙，裡面鋪滿紅豆（或其他豆類、生米等重物），防止塔皮烤時膨脹變形，放入預熱好的烤箱中，用180度烤10分鐘後取出。

●組合內餡

1 將無鹽奶油融化成液態備用（可用隔水加熱的方式）。蘋果切薄片後排入塔皮中，鋪好後先在蘋果表面均勻地撒上砂糖，再塗上融化的奶油，接著再撒一次砂糖跟塗上奶油。

棋惠小叮嚀 蘋果水分高，使用前先用餐巾紙稍微吸乾，比較不會出太多水。

2 將蘋果塔放進預熱好的烤箱，用180度烤35-40分鐘即完成。

棋惠小叮嚀 烤好後在上面放一球冰淇淋再享用，吸睛又好吃。

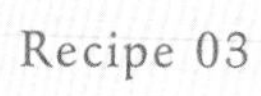

巧克力塔

難度：★★

“做塔皮的CP值很高，學會後只要變換內餡，
什麼口味都難不倒，直接出系列作品！”

☑分量
1個

☑工具
6吋塔模

☑烤箱預熱
塔皮：180度

☑食材
●塔皮
中筋麵粉…200g
無鹽奶油
(冷藏，切小塊)…100g
鹽…2g
糖粉…5g
巧克力粉…15g
全蛋…1顆
牛奶…3-4大匙

●巧克力內餡
巧克力…150g
無鹽奶油…20g
砂糖…20g
鹽…2g
鮮奶油…150g
牛奶…40g
全蛋…1顆
蘭姆酒…10g

●焦糖醬
砂糖…100g
水…40g
鮮奶油(溫)…200g

☑步驟
●塔皮
1 將中筋麵粉、無鹽奶油用手抓捏，再加入鹽、糖粉以及巧克力粉抓勻。接著分次加入蛋液與牛奶抓勻至成團後，用保鮮膜包起，放入冰箱冷藏鬆弛至少1小時。

2 麵團取出後用擀麵棍擀平，放到塔模上，與塔模內緣壓合後，用擀麵棍擀斷多餘的塔皮，再將塔皮稍微往上推高(避免回縮)，然後用叉子在塔皮上戳洞。

3 塔皮上鋪一張烘焙紙，裡面鋪滿紅豆(或其他豆類、生米等重物)，防止塔皮烤時膨脹變形，放進預熱好的烤箱中，用180度烤25分鐘即可。

●組合內餡
1 隔水加熱巧克力、無鹽奶油、砂糖，使其融化均勻，起鍋前下鹽調味，離火備用。

2 隔水加熱鮮奶油、牛奶，攪拌均勻，煮到溫度約40度(手指觸碰時微溫)，再加入蛋液混合，關火後加入蘭姆酒，起鍋後用細篩網過濾雜質。

3 將步驟1、2混合均勻後，倒進烤好的塔皮中，進冰箱冷藏2-3小時。

●裝飾焦糖醬
1 將砂糖與水放入鍋中加熱，不要攪拌也不要搖晃鍋子，煮到變成琥珀色後關火，立刻倒入鮮奶油混合均勻，放涼後即是焦糖醬。

棋惠小叮嚀 煮焦糖醬要專心，從焦糖到焦掉的時間非常快，等糖一變色就要趕快關火倒鮮奶油。

2 取出冰好的巧克力塔，表面擠上焦糖醬即完成。

Recipe 04

起司蘑菇鹹派

難度：★★

“本書中唯二的鹹食（另一道是古早味肉鬆蛋糕），
看到豐盛的配料和牽絲的起司，就是療癒。”

· 觀看影片 ·

☑分量

1個

☑工具

6吋派盤

☑烤箱預熱

派皮：180度

組合內餡：180度

☑食材

●派皮

中筋麵粉…200g

無鹽奶油（冷藏，切小塊）…100g

糖粉…1g

鹽…1g

全蛋…1顆

水…2-3大匙

全蛋液（塗抹派皮用）…少許

●內餡

蒜頭（切碎）…2粒

洋蔥（切碎）…半顆

蘑菇（切片）…8朵

紅甜椒（切絲）…半個

花椰菜（燙熟）…6小朵

全蛋…1顆

鮮奶油…少許

起司絲…適量

九層塔…少許

黑胡椒粒…少許

橄欖油、鹽…適量

☑步驟

●派皮

1 將中筋麵粉、無鹽奶油用手抓捏，再加入糖粉、鹽抓匀，接著分次加入蛋液，最後分次加水（也可以改成牛奶），揉成均匀的麵團後，用保鮮膜包起來，放進冰箱冷藏鬆弛至少1小時。

2 桌面上撒上一些手粉，將派皮取出後用擀麵棍擀平，鋪到派盤上。將派皮與派盤內緣壓合後，用擀麵棍擀斷多餘的派皮，再將派皮稍微往上推高、超出邊緣（避免回縮），然後用叉子在派皮上戳洞。

3 在派皮上鋪一層烘焙紙，裡面鋪滿紅豆（或其他豆類、生米等重物），放進預熱好的烤箱中，用180度烤18分鐘。取出紅豆後，在派皮上塗全蛋液，再烤4-5分鐘即可。

棋惠小祕訣 塗抹蛋液的作用是要把派皮底部的孔洞補起，這樣在最後下蛋及鮮奶油的時候，液體才不會從洞口流出。

●組合內餡

1 熱鍋下橄欖油、蒜頭、洋蔥爆香，加入蘑菇炒至上色，加點鹽調味，最後加入紅甜椒拌炒均勻即可。

2 將炒好的內餡填進烤好的派皮中，接著放上燙熟的花椰菜，將蛋、鮮奶油混合均勻後倒入。

3 撒上黑胡椒粒、起司絲、九層塔，放進預熱好的烤箱中，用180度烤20分鐘即完成。

Recipe 05

好事成霜蛋糕

難度：★★

“好友們都知道，這是我最拿手的招牌甜點，
生日時親手烤一顆檸檬蛋糕，獻上滿滿的心意。”

☑分量

1個

☑工具

6吋蛋糕模

☑烤箱預熱

170度

☑食材

● 蛋糕體

全蛋…180g
砂糖…110g
低筋麵粉…120g
檸檬皮屑…適量
檸檬汁…1顆
無鹽奶油（融化）…120g

● 糖霜

糖粉…200g
檸檬汁…40g

● 裝飾

黃、綠檸檬…各1顆

☑步驟

●蛋糕體

1 將無鹽奶油隔水加熱融化成液態備用。將蛋液放入鍋中，開小火隔水加熱，過程中分次加入砂糖，並用電動攪拌器持續攪拌。

棋惠小叮嚀 蛋液加熱到微溫(約27度)時即可關火，並繼續打發。電動攪拌器一開始用高速，後期則建議改成低速，讓打發後的狀態更穩定。

2 用電動攪拌器打至8分發，拉起蛋糊時，會自然往下流動的程度。

3 接著依序加入檸檬皮屑、過篩的低筋麵粉(分次下)、檸檬汁翻拌均勻。

4 再分次倒入融化奶油，用刮刀翻拌至麵糊光滑。

5 將麵糊倒入蛋糕模中，放桌上稍微敲一敲、震出空氣，放進預熱好的烤箱中，用170度烤40分鐘。

6 取出後倒扣在散熱架上放涼再脫模，並將上方切平。

●淋糖霜&裝飾

1 製作檸檬糖霜：將糖粉分次加入檸檬汁中混合均勻。

棋惠小叮嚀 糖霜可依個人喜好調整酸甜度，喜歡酸一點的，就加更多的檸檬汁。

2 將放涼的蛋糕放在架子上，底下墊個盤子或烘焙紙，從上往下淋一層檸檬糖霜。

3 最後裝飾上檸檬皮屑或檸檬薄片即完成。

1
2
3
4
5
6
淋糖霜 & 裝飾
1
2
3

Recipe 06

巧克力甘納許蛋糕

難度：★★

“我老公很愛巧克力，學這道甜點也是為了他，
鬆軟的夾心蛋糕加上綿滑甘納許，一吃就停不下來。”

☑分量

1個

☑工具

6吋蛋糕模

☑烤箱預熱

160度

☑食材

● 蛋糕體

蛋黃…3顆
無鹽奶油（融化）…25g
牛奶…55g
砂糖Ⓐ…18g
低筋麵粉…45g
可可粉…15g
蛋白…3顆
砂糖Ⓑ…37g

● 巧克力鮮奶油夾心

鮮奶油…200g
砂糖…10g
黑巧克力…65g

● 巧克力甘納許淋醬

鮮奶油…160g
無糖黑巧克力…100g

· 觀看影片 ·

☑步驟

●蛋糕體

1 無鹽奶油事先融化成液態備用（可用隔水加熱方式）。在蛋黃中依序加入融化奶油、牛奶、砂糖Ⓐ拌勻。

2 再加入過篩的低筋麵粉、可可粉。

3 用刮刀輕輕翻拌（不要過度攪拌）到均勻、看不到粉粒狀即可。

4 接著用電動攪拌器打發蛋白，打到起粗泡後分3次加入砂糖Ⓑ，打發到用攪拌器提起時可形成短尖鉤狀。

5 完成後取1/3的蛋白霜放入步驟3的巧克力麵糊中翻拌，再與剩下的蛋白霜翻拌均勻。

6 將麵糊倒入烤模中，模具在桌上稍微敲一敲震出空氣，放進預熱好的烤箱中，用160度烤40-50分鐘。烤完後倒扣放涼，再脫模即可。

巧克力鮮奶油夾心

1 將鮮奶油用小火煮至小滾（鍋邊起小泡，約40-50度左右）後關火，先加入砂糖攪拌，再加入巧克力攪拌均勻，稍微放涼後放進冰箱冷藏。

2 將冰過的巧克力鮮奶油用電動攪拌器打發到把碗倒扣時不會流出來的程度。

棋惠小叮嚀 鮮奶油怕熱，建議墊著冰塊水打發，以免升溫太快。

淋醬＆組合裝飾

1 將蛋糕橫切半，巧克力鮮奶油夾心先塗抹在蛋糕中間層。抹平後，再蓋上另一片蛋糕。

2 接著塗抹外層。先塗正上方，再塗側面，用抹刀將整體均勻抹平。

3 製作淋醬：將鮮奶油用小火煮滾至鍋邊起泡後關火，加入黑巧克力攪拌至完全融化，呈現有光澤感的滑順狀態。

4 最後將巧克力甘納許淋醬趁熱從蛋糕正上方，以由內往外畫圓的方式淋到蛋糕上，再放入冰箱冷藏一會兒即完成。

Recipe 07

焦糖脆脆蛋糕

難度：★★

“濃稠的焦糖醬，咖滋咖滋的焦糖脆餅，
只要學會煮焦糖，這道甜點就成功一半啦！”

☑分量

1個

☑工具

6吋蛋糕模

☑烤箱預熱

170度

☑食材

● 蛋糕體

植物油…45g
低筋麵粉…55g
蛋黃…3顆
全蛋…1顆
牛奶…85g
蛋白…3顆
砂糖…55g

● 焦糖脆餅

水…100g
砂糖…200g
麥芽糖…50g
食用小蘇打粉…10g

● 焦糖醬

砂糖…100g
水…40g
鮮奶油（溫）…200g

● 打發鮮奶油

鮮奶油（冰）…200g
糖粉…20g

· 觀看影片 ·

☑步驟

蛋糕體

1 植物油煮到表面出現油紋後關火，加入過篩的低筋麵粉拌勻成麵糊。

2 接著在麵糊中加入3顆蛋黃、1顆全蛋、牛奶混合均勻備用。

3 用電動攪拌器的高速將蛋白打發至起泡後，分3次加入砂糖，持續打發到用攪拌器提起時，尖端形成短尖鉤狀。
棋惠小叮嚀 蛋白霜快打好的時候改用慢速打發，可讓蛋白霜的泡泡更加穩定。

4 在步驟2的麵糊中先倒一半蛋白霜混合，質地均勻後，再倒回剩下的蛋白霜中繼續混合均勻。

5 將麵糊倒入烤模中，模具在桌上稍微敲一敲震出空氣。放進預熱好的烤箱中，用上下火170度先烤20分鐘，再將上火調成150度、下火調成160度烤20分鐘，取出倒扣在架子上，放涼後脫模。
棋惠小叮嚀 如果家裡的烤箱無法調整上下火，就將烤溫調整到155度。

焦糖脆餅

1 將水、砂糖、麥芽糖放入鍋中，用中小火煮到160度後關火，加入過篩的小蘇打粉，快速攪拌均勻。
棋惠小叮嚀 煮的過程完全不用攪拌，直到糖開始變成琥珀色，加入小蘇打粉後才需要快速攪拌，然後盡速倒入鐵盤中。糖一變色就要開始和時間賽跑，以免煮過頭出現苦味。

2 將煮好的麥芽糖糊倒入鋪有烘焙紙的烤盤中，整平表面，進冰箱冷藏到變脆。

焦糖醬

1 將水、砂糖放入鍋中，用中小火加熱，不要晃動鍋子或攪拌，煮到糖水漸漸變成琥珀色後，關火。

2 一關火立刻倒入鮮奶油，迅速攪拌成稠狀，冷卻即可使用。
棋惠小叮嚀 糖水變色的速度很快，鍋邊一開始變黃就要緊盯著，變色後可適時搖晃鍋子使整體均勻，一旦變成琥珀色且有點變稠後就要立刻關火倒鮮奶油，並迅速攪拌，不然會凝固成硬塊。

打發鮮奶油

1 將鮮奶油（隔著冰塊水）用電動攪拌器先打至起泡後，分3次加入糖粉打發，打發到出現明顯紋路、倒扣時不會流出來就可以了。包上保鮮膜，放冰箱備用。

裝飾組合

1 在蛋糕的正面與側面均勻地抹上一層打發鮮奶油。

2 接著把焦糖醬裝入擠花袋中，在蛋糕邊緣擠出喜歡的線條或形狀。

3 最後把冰過的焦糖脆餅切小塊，撒在蛋糕正上方即完成。

我很常做各式各樣的甜點分送給家人、朋友，
有可能是生日、聖誕節、單純的朋友聚會，
或是成功試做了新的甜點想要和人分享。
每次看到大家吃了我做的甜點露出笑容，
就讓我甘願整個晚上不睡覺去做這件事。

謝謝料理123，讓我有機會挑戰自己，
也謝謝一路以來陪伴我的人，
當然，還有正在翻看這本書的每一個你，
你們的支持，都是讓我更進步的動力。

Recipe 08

黑森林蛋糕

難度：★★

“媲美超人氣蛋糕店的口味，
無法被取代的經典中的經典！”

分量
1個

工具
6吋蛋糕模

烤箱預熱
180度

食材

蛋糕體
蛋黃…4顆
砂糖Ⓐ…25g
植物油…30g
牛奶…90g
低筋麵粉…70g
無糖可可粉…30g
蛋白…4顆
砂糖Ⓑ…50g

打發鮮奶油
鮮奶油（冰）…300g
糖粉…35g

裝飾
酒漬櫻桃…10個
新鮮櫻桃…10個
（也可用酒漬櫻桃取代）
巧克力碎…110g

步驟

蛋糕體
1 將蛋黃加入砂糖Ⓐ、植物油拌勻，再分次加牛奶攪拌均勻後，過篩低筋麵粉和可可粉，把整體拌均勻。

2 用電動攪拌器將蛋白打到起泡後，分3次加入砂糖Ⓑ，持續打發到出現紋路、用攪拌器提起時前端可形成短尖鉤狀，即完成蛋白霜。

3 先取部分蛋白霜加入**步驟1**中拌勻，再倒回剩下的蛋白霜中，用翻拌手法拌勻。

4 在烤模底部鋪上烘焙紙，倒入麵糊後，模具在桌上稍微敲一敲震出空氣，放入預熱好的烤箱中，用180度烤約30分鐘，取出倒扣在架子上，放涼後脫模。

打發鮮奶油
1 將鮮奶油用電動攪拌器先打至起泡後，分3次加入糖粉打發，打發到出現明顯紋路、倒扣時不會流出來就可以了。包上保鮮膜，放冰箱備用。
棋惠小祕訣 打發鮮奶油時，建議準備一碗冰塊水墊在裝鮮奶油的碗下方，以免過熱導致打發失敗。

裝飾組合
1 蛋糕橫切半，在下面那層蛋糕上抹一些酒漬櫻桃的汁，再擺上切半的酒漬櫻桃。取一部分打發鮮奶油放到擠花袋中，用鋸齒狀花嘴繞圈擠到蛋糕上覆蓋住櫻桃，再蓋上另一層蛋糕。

2 蛋糕整體均勻塗抹上打發鮮奶油，正面和側面都黏滿巧克力碎，最後上方再用櫻桃與打發鮮奶油裝飾即完成。
棋惠小祕訣 不買市售的巧克力碎，也可以自己拿巧克力磚在刨刀上磨成碎片。

Recipe 09

水果優格蛋糕

難度：★★★

“這道甜點是我的烘焙老師特別幫這本書設計的配方，也是我第一次上課時學的，清爽又美味，我非常喜歡。”

☑分量
1個

☑工具
慕斯圈（直徑13cm）
長方形烤盤（長30×寬22×高2.5cm）

☑烤箱預熱
170度

☑食材
● 蛋糕體
蛋黃…5顆
植物油…33g
乳清…70g
低筋麵粉…85g
蛋白…6顆
上白糖…85g

● 優格鮮奶油
鮮奶油…200g
上白糖…20g
乾優格…100g
蜂蜜…12g

● 打發鮮奶油
鮮奶油…200g
上白糖…20g

● 裝飾
香蕉（切片）…1根
綠葡萄（切片）…適量
藍莓…適量
薄荷葉…適量

★乳清與乾優格的作法，請參考下頁的「事前準備」。

☑步驟

● 蛋糕體

1 將蛋黃與植物油拌勻，再分次加入乳清拌勻。

2 分2次加入過篩的低筋麵粉，輕輕混合。

3 混合成質地均勻的麵糊。

4 用電動攪拌器將蛋白打至起泡後，分次加入上白糖打發，打到提起攪拌器時，前端形成短鉤狀的硬性發泡狀態。

5 先取部分蛋白霜放入麵糊中翻拌均勻後，再倒回剩下的蛋白霜中拌勻。翻拌力道儘量輕柔，且不要過度攪拌。

6 在烤盤上鋪烘焙紙，倒入麵糊，再用刮板整平表面（傾斜刮板約30度，往烤盤的四邊四角水平來回劃過），在桌面上敲一敲、震出空氣，放進預熱好的烤箱中，以170度烤14分鐘，取出後脫模放涼。

棋惠小叮嚀 鋪到烤盤中的烘焙紙，四邊高度要高於烤盤，才方便烤完後取出放涼。先將烘焙紙的四個角剪開，鋪進烤盤裡時才會平整。

事前準備

在杯子上鋪濾紙，放上無糖優格200g，放進冰箱冷藏靜置4小時以上，乳清會逐漸往下流到杯子裡，而在濾紙上留下乾優格。把兩者分離的這種作法稱為「水切」。

優格鮮奶油

1 在濾掉乳清後的乾優格中加入蜂蜜，混合均勻。

2 用電動攪拌器打發鮮奶油，打發的同時分次加入上白糖，打到7-8分發（出現紋路，將碗倒扣時會緩慢流動的程度）後，加入蜂蜜優格拌勻。

打發鮮奶油

1 用電動攪拌器打發鮮奶油（隔著冰塊水），打發的同時分次加入上白糖，打發到碗倒扣時不會流下的程度。做為蛋糕最外層的鮮奶油，放入冰箱冷藏備用。

裝飾組合

1 用慕斯圈在放涼的蛋糕上壓出3片圓形蛋糕。其中一片利用蛋糕邊緣壓出兩個半圓形即可組裝成一片。

2 將一片蛋糕放到蛋糕轉台上，用抹刀抹上優格鮮奶油，從正面到側面，一邊轉動轉台一邊修整，盡量抹勻。

3 接著鋪上第一層水果（香蕉片），並抹上少許優格鮮奶油。

棋惠小叮嚀 蛋糕上選擇什麼水果來搭配都可以，但使用前要先用餐巾紙吸掉多餘水分。

4 然後疊上第二片蛋糕，外層再抹上優格鮮奶油。

5 接著鋪第二層水果（切半的綠葡萄與藍莓），並抹上優格鮮奶油。

6 然後疊上第三片蛋糕。再將整個外層均勻抹上優格鮮奶油後，修平表面，進冰箱冷藏10分鐘。

7 將打發鮮奶油用抹刀抹在蛋糕外層，並保留少許的量裝入擠花袋中。

8 整顆蛋糕都塗抹上鮮奶油後，用抹刀在側邊規律擺動抹刀，做出花紋。

棋惠小叮嚀 這個花紋是我在無意中玩出來的，效果很好，但也可以直接抹平。

9 將水果裝飾上去，再擺上薄荷葉點綴即完成。

棋惠小叮嚀 加入乳清做成的蛋糕，吃起來口感比較濕潤且綿密。但也因為組織較柔軟，新手在操作夾餡、裝飾的時候，要小心別破壞了形狀。

4 5 6 7 8 9

劉偉苓老師是我的烘焙老師，
第一次報名偉苓老師的課，教的就是優格蛋糕。
從沒想過竟然有蛋糕吃起來這麼清爽又美味。
製作過程的每一個眉角都是如此重要（還有複雜）～

這次在這本書中，我真的很想把這款蛋糕分享給大家，
所以除了害羞問老師能不能幫我寫推薦序之外，
也謝謝老師幫我量身打造一個屬於我的優格蛋糕配方。
除了讓大家更好操作外，我也會像寶貝一樣珍惜老師願意給予的資產。
謝謝劉偉苓老師，能當妳的學生很幸福！

Recipe 10

彩虹奶油蛋糕

難度：★★★

“配色是這款蛋糕的重點，選擇差異大的對比色，
或是相似色做漸層都很美，也可以用食材粉取代色素。”

☑分量
1個

☑工具
慕斯圈
（直徑13cm）

長方形烤盤
（長30×寬22×高2.5cm）

☑烤箱預熱
160度

☑食材

●蛋糕體

蛋黃…3顆
植物油…52g
牛奶…52g
低筋麵粉…52g
蛋白…3顆
砂糖…50g
食用色素
（綠色、粉紅色）…適量

●打發鮮奶油

鮮奶油…200g
糖粉…20g

☑步驟

●蛋糕體

1 將蛋黃、砂糖（從50g中取出少許的量）混合均勻，再分次加入植物油攪拌均勻。接著加入牛奶、過篩低筋麵粉，翻拌均勻備用。

2 用電動攪拌器將蛋白打發，過程中分3次加入剩餘的砂糖，持續打發到出現紋路、用攪拌器提起時前端可形成短尖鉤狀，即完成蛋白霜。

3 先取約1/3的蛋白霜加到**步驟1**的麵糊中，用刮刀輕柔翻拌均勻，再倒回剩下的蛋白霜中，翻拌均勻後，將麵糊分成兩盆。

4 在兩盆麵糊中分別用牙籤加入不同顏色的食用色素，調出喜歡的顏色。

5 在烤盤中間，用烘焙紙做出分隔的紙板。將其中一色的麵糊倒到烤盤上，並用刮板整平表面（傾斜刮板約30度，在麵糊表面水平滑動）。

6 接著在另一邊倒入另一色麵糊，同樣用刮板整平後，在桌面上敲一敲、震出空氣。放進預熱好的烤箱中，以160度烤35-40分鐘，取出後脫模放涼。

●打發鮮奶油

1 用電動攪拌器打發鮮奶油（隔著冰塊水），打發的同時分次加入糖粉，打發到碗倒扣時不會流下的程度。放入冰箱冷藏備用。

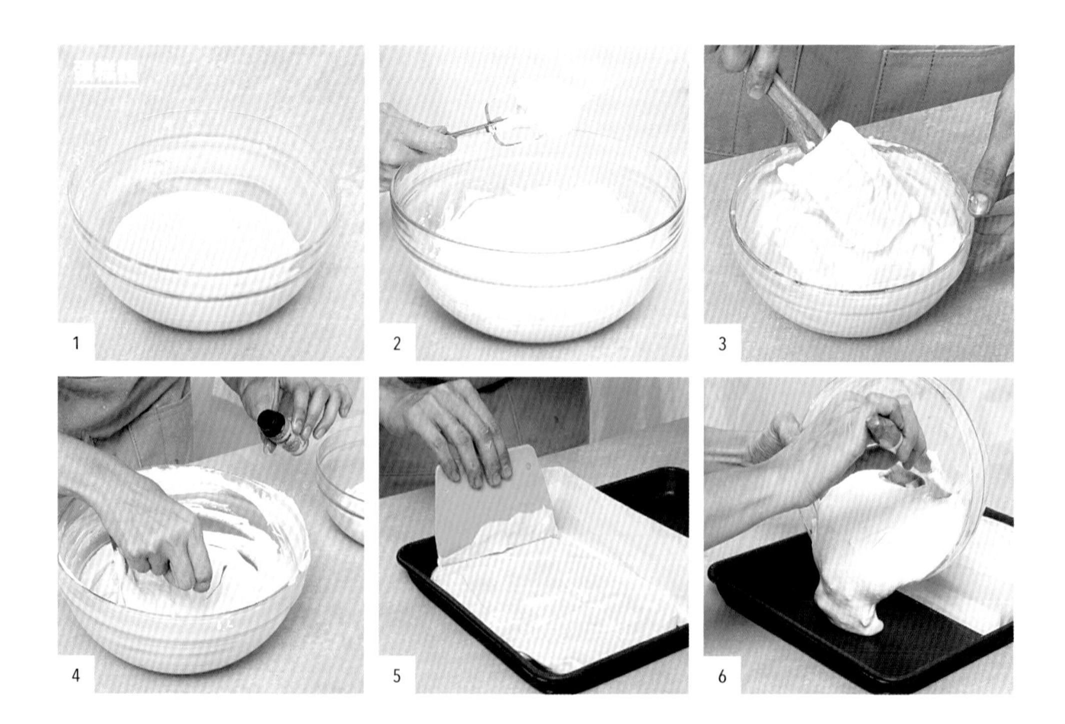

裝飾組合

1 蛋糕放涼後，用慕斯圈壓出不同色的蛋糕片。

2 我用的烤盤烤出的蛋糕大小只夠壓兩片，所以第三片就用剩的蛋糕邊緣，壓出兩個半圓形組裝成一片。

3 先將半片綠色、半片粉紅色蛋糕放到蛋糕轉台上，拼成一片。

棋惠小叮嚀 我怕吃不完，不喜歡多做，所以習慣用拼的，當然也可以直接多烤幾片組裝。

4 用抹刀將打發鮮奶油抹到蛋糕上，從正面到側面，一邊轉動轉台一邊修整，盡量抹勻。

5 接著在中間擺放一片綠色蛋糕，並抹上打發鮮奶油。

6 再疊上第三層的粉紅色蛋糕，外層整個用打發鮮奶油包覆抹平，進冰箱冷藏約1小時，待鮮奶油較硬後即可切開。

棋惠小叮嚀 依照同樣原理，可以自行設計出不同顏色的蛋糕體，甚至在鮮奶油中調色，堆疊出更多層次。

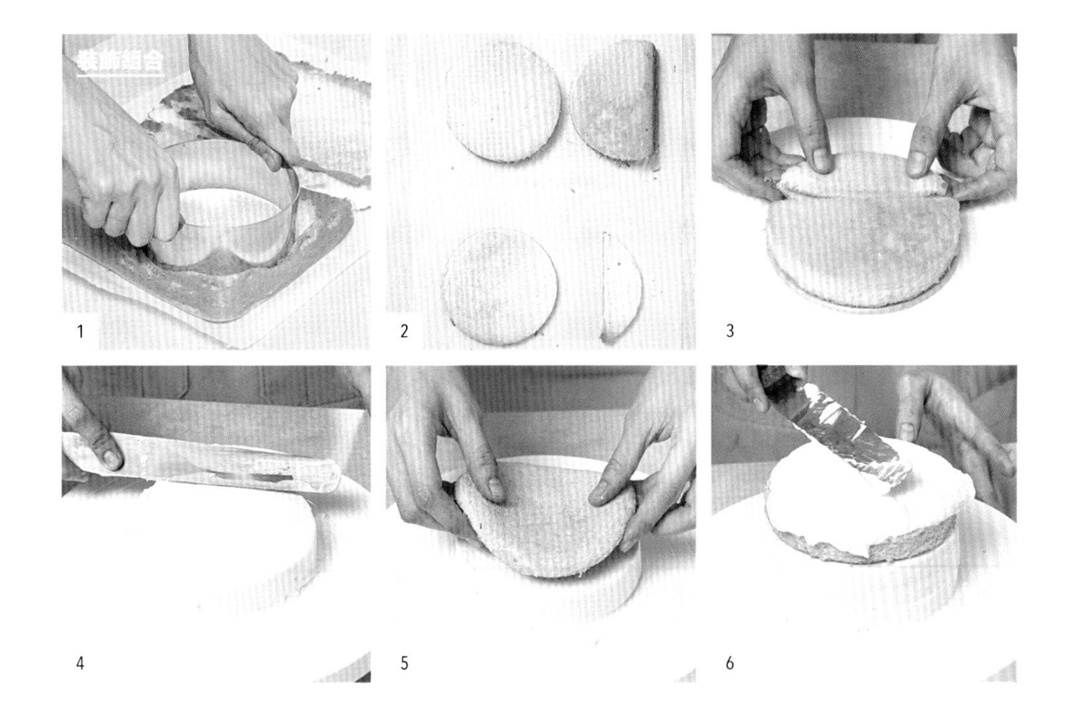

Recipe 11

重乳酪蛋糕

難度：★

“很適合初學者挑戰的蛋糕，
做起來綿密滑順、酸甜不膩口！”

分量

1個

工具

6吋蛋糕模

烤箱預熱

120度

食材

焦糖餅乾
（或消化餅）…110g

奶油乳酪
（室溫軟化）…330g

有鹽奶油（融化）…40g

鮮奶油…45g

全蛋…1顆

三溫糖…45g

檸檬汁…少許

步驟

1 將奶油乳酪放室溫軟化。有鹽奶油融化成液態（可用隔水加熱方式）備用。

2 焦糖餅乾用果汁機打碎後，加入少許融化的有鹽奶油（取40克裡的一些些就好），拌一拌使餅乾碎變得比較有稠度。放入烤模中，用湯匙把餅乾壓緊，做成餅乾底後，放到冰箱冷凍備用。

3 在軟化的奶油乳酪中，依序加入剩下的融化有鹽奶油、鮮奶油、全蛋攪拌，再分次加入三溫糖拌勻，最後加入少許檸檬汁混合即可。

4 將烤模從冷凍中取出，倒入**步驟**3的奶油乳酪糊後，在桌面輕敲、震出空氣，接著一邊轉動烤模，一邊用刮刀從外往內整平表面。重複震空氣、刮平的動作2-3次。

5 將烤模放進預熱好的烤箱中，用120度烤35-40分鐘，放涼後冷凍、取出脫模即可。

·觀看影片·

Recipe 12

棋格蛋糕

難度：★★★★

"這款蛋糕是乙級烘焙考題的簡化版，
獻給所有具備挑戰精神的人，一起來崩潰吧！"

☑分量

1個

☑工具

長形磅蛋糕烤模2個

☑烤箱預熱

160度

☑食材

●蛋糕體

無鹽奶油
（室溫軟化）…250g

砂糖…210g

鹽 …6g

全蛋…250g

低筋麵粉…250g

巧克力粉…30g

熱水…25g

●奶油霜

無鹽奶油
（室溫軟化）…140g

糖粉…45g

鹽…2g

●裝飾

黑巧克力米…適量

·觀看影片·

☑步驟

● 蛋糕體

1 將無鹽奶油先用電動攪拌器稍微打軟，再分次加入砂糖攪拌均勻。接著加入鹽，用打蛋器拌勻後，再分次加入蛋液拌勻。最後分2次拌入過篩的低筋麵粉，製成原味麵糊。

2 將原味麵糊分成兩半，巧克力粉混合熱水拌勻後加入其中一份麵糊中拌勻成巧克力麵糊。

3 將兩種麵糊分別倒入鋪上烘焙紙的烤模裡，用刮刀整平表面。

4 烤箱事先預熱到160度。將兩種麵糊放進烤箱，用160度烤50分鐘，烤完之後冷藏30分鐘再取出使用。

● 奶油霜

1 將無鹽奶油、糖粉、鹽，用電動攪拌器打發拌勻即可。

● 組合

1 將原味蛋糕和巧克力蛋糕四周稍微修平整，分別切成3片長方形。

2 切下來的蛋糕片交錯疊成「原味→巧克力→原味」、「巧克力→原味→巧克力」的2條蛋糕後，再分別切成3片長方形。

3 交疊不同顏色組合的蛋糕片，3片3片疊在一起，顏色相互錯開成九宮格狀。蛋糕片之間要塗抹奶油霜。

4 最後在外層的三面抹上奶油霜後，沾上巧克力米即完成。

棋惠小祕訣 真正烘焙考試還需要包裹蛋糕屑，但自己在家做，就不要那麼講究了。

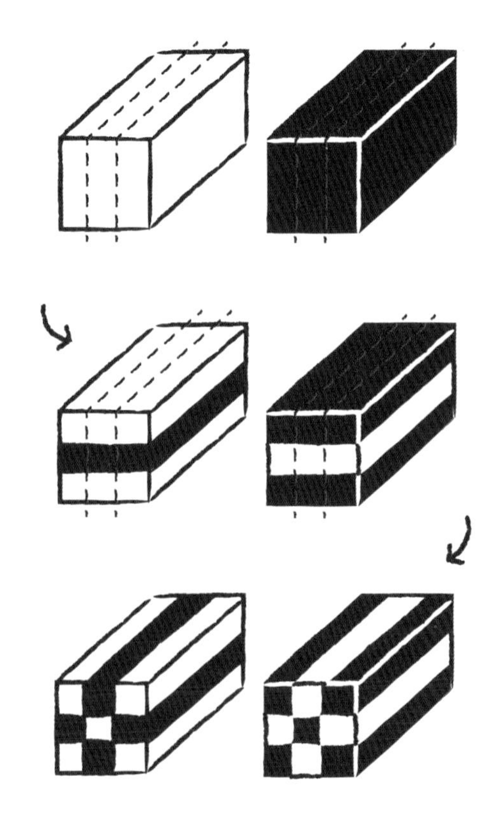

Recipe 13

拿破崙

難度：★★

“學會卡士達醬的作法後，
用現成酥皮就能快速完成！”

☑分量

1個

☑烤箱預熱

130度

☑食材

酥皮…3片
奇異果…2顆
（或草莓等其他水果）
防潮糖粉…少許
薄荷葉、藍莓…適量

●卡士達醬

牛奶…200g
香草莢…1根
蛋黃…3顆
砂糖…90g
玉米澱粉…25g

☑步驟

●卡士達醬

1 香草莢縱切開後，用刀背刮出香草籽，連同豆莢放入牛奶中，用小火煮至微溫後，過濾出香草莢。

2 蛋黃與砂糖拌勻後，倒入**步驟1**的牛奶中，用小火煨煮混合均勻，過程中要持續攪拌。如果有泡沫或蛋黃渣，則再次過濾。

3 接著加入過篩的玉米澱粉，不停攪拌，當溫度逐漸上升後，鍋中的液體會越來越糊，最後煮成濃稠狀，即是卡士達醬。

4 準備方型玻璃容器，放入卡士達醬後封上保鮮膜，將保鮮膜完整服貼在卡士達醬上隔絕水分，進冰箱冷藏40分鐘備用。

●拿破崙

1 將酥皮鋪排在烤盤中，放進預熱好的烤箱中，用130度烤10-12分鐘，第一次出爐後放上烘焙紙、壓上碗（或其他重物）再烤12分鐘。第二次出爐後，均勻撒上防潮糖粉，再烤4分鐘後拿出。

2 將水果切片，切面朝外擺放在一片酥皮上。把卡士達醬裝進擠花袋中，均勻擠滿在水果上後，蓋上另一片酥皮。

3 以同樣方式，再疊一層水果與卡士達醬後，蓋上第三片酥皮。

4 在酥皮上方斜擺三根筷子，用細篩網撒上防潮糖粉做裝飾，取走筷子，最後點上藍莓和薄荷葉裝飾即完成。

·觀看影片·

Chapter 5

送禮甜點，和寶貝一起手作的親子時光

一期一會的烘焙練習・四

謝謝每一個，陪我從低潮走到陽光下的你

最後這個章節，要獻給我的女兒阿寶。她最喜歡和我一起揉麵團、捏餅乾，每次聽到她說最喜歡媽媽做的點心，就讓我對烘焙燃起了更大的動力。再怎麼歪七扭八的成品，都是我最珍貴的記憶。我一直希望身旁的人能夠透過烘焙彼此來認識，於是舉辦了「青春甜甜點」的烘焙教學活動（這是由我們唯一的男性代表—黃豪平所想的名字），也發現最近料理或烘焙的年齡層越來越小。自己當老師後教孩子們做棒棒糖，看見孩子們做出成品後開心的模樣，真的很滿足，也很有意義。

以前做甜點只是做好玩，但現在卻帶著「要做就把它做好」的心態，認真投入在其中。身旁的家人朋友也深深感受到我的不同，雖然我看起來很開朗，但其實在過去，我也曾經憂鬱過，所以我很知道以前跟現在的我有什麼不同。

在人生當中，每個階段都不會一樣，你能留著或丟掉什麼，誰也不知道。但我很開心的是，在我人生35歲這個階段，出了一本自己的烘焙書。在這幾年中，我累積了這些以前想都沒想過的技能，我帶著我媽媽未能使上的力氣及能量，繼續努力邁進。走過生命低潮我才深刻體會到，人生沒有不失敗的，唯有你願不願意給自己一次機會，再次大步向前！

至於未來～不做演藝圈的話，我想也許我會開一間屬於我的店，讓自己專注在烘焙上吧。當我宣布不做藝人了～你可能會在某個街上看到我，可能推三輪車賣甜點麵包，也可能真的實現了有一間店舖的夢想。如果有那麼一天，歡迎你推開門進來，喝一杯咖啡，吃一塊甜點，買一條吐司，哪怕什麼都不買，只是進來跟我問聲好，我也心滿意足。

Recipe 01

牛粒（台灣小西點）

難度：★★

“小時候最喜歡吃的台式馬卡龍，
一定要試試我的版本，鹹甜不膩口。”

分量

15個
（稍微大於50元硬幣）

烤箱預熱

200度

食材

餅乾體

蛋黃…4顆
全蛋…2顆
低筋麵粉…180g
糖粉Ⓐ…140g
鹽…少許
糖粉Ⓑ…適量

奶油霜

無鹽奶油
（室溫軟化）…140g
糖粉…25g
鹽…少許
蘭姆酒…少許

步驟

餅乾體

1 用電動攪拌器先將蛋黃、全蛋打發，再加入過篩的低筋麵粉、糖粉Ⓐ以及鹽，以刮刀翻拌均勻。

棋惠小叮嚀 蛋黃與全蛋要打發到可以在麵糊上寫一個明顯的8，並且不會馬上化掉消失的程度。此時即可下粉類攪拌，記得只能輕輕翻拌，這裡的輕拌手法，是從麵糊中間往下切，然後由下往上撈起來的感覺，重複這個動作即可。記得不要劃圈攪拌，才不會消泡喔！

2 烤盤鋪上烘焙紙，將麵糊放入擠花袋中，用平口花嘴擠出一個一個的圓後，均勻撒上糖粉Ⓑ。放進預熱好的烤箱中，用200度烤6-8分鐘，取出放涼。

棋惠小祕訣 最後在麵糊表面撒糖粉，是為了防止消泡，而且烤出來後表皮會有一層漂亮的淡淡焦色。

奶油霜

1 先用電動攪拌器將無鹽奶油稍微打發，再加入糖粉、鹽、蘭姆酒打發均勻即可。

棋惠小叮嚀 奶油的質地比較重，可打發約2分鐘左右，再試吃看看，如果奶油吃起來變得輕盈就可以了。

組合

1 將奶油霜用抹刀抹到一片餅乾體上，再蓋上另一片即完成。如果沒有要立即享用，需放進冰箱冷藏保存。

· 觀看影片 ·

Recipe 02

雞蛋布丁

難度：★

“可愛的造型非常受小朋友歡迎，
慶生派對上端出來，大家都搶著要！”

☑分量
7個

☑烤箱預熱
160度

☑工具
敲蛋器

☑食材
香草莢…1根
牛奶…150g
砂糖Ⓐ…30g
鮮奶油…150g
蛋黃…7顆
砂糖Ⓑ…30g

☑步驟

1 用敲蛋器將雞蛋開殼、洗淨備用。如果沒有敲蛋器，也可以直接用剪刀敲出洞然後剪開。

2 將香草莢縱切剖開後，用刀背刮出香草籽，再連同豆莢一起放入牛奶中用小火煮。煮到微滾後，放入砂糖Ⓐ、鮮奶油，攪拌均勻後過篩。

3 將蛋黃、砂糖Ⓑ混合均勻後，分次倒入**步驟2**的牛奶中，一邊倒一邊攪拌，混合均勻後再過篩一次，即備好布丁液。

4 用鋁箔紙做成圓形環，排列在烤盤上，讓雞蛋布丁可以立在烤盤上。

5 將布丁液裝進蛋殼中約九分滿。在烤盤中倒入熱水，放進預熱好的烤箱中，用160度烤25分鐘即完成。

棋惠小叮嚀 雞蛋布丁是以「熱水浴」的方式烤焙而成。先在一個有高度的烤盤中倒入熱水，再把雞蛋布丁擺上去（記得幫雞蛋做支架，才站得起來），透過高溫加熱，像洗熱水澡般把布丁蒸熟。

· 觀看影片 ·

Recipe 03

雪Q餅

難度：★

“在家庭烘焙界引發熱潮的人氣甜點，
很適合和孩子一起邊玩邊做邊吃。”

☑分量

依照個人喜好裁切

☑食材

無鹽奶油…90g
棉花糖…250g
奶粉…70g
奇福餅乾…230g
蔓越莓乾（或葡萄乾）…50g

☑步驟

1 將無鹽奶油、切小塊的棉花糖，一起放入鍋中隔水加熱，一邊攪拌使其融化均勻後，加入奶粉拌勻。

2 加入剝半的奇福餅乾、蔓越莓乾，攪拌均勻後離火。
棋惠小叮嚀 棉花糖的用量要夠，才能讓餅乾們黏在一起。也因為黏性很高，在攪拌材料跟擀壓時須稍微費點力氣。

3 將成團的雪Q餅放到烤盤或烘焙紙上，再蓋上烘焙紙，用擀麵棍或杯子擀平、塑形，再進冰箱冷藏1小時。

4 冷藏好後取出切成適當大小即完成。
棋惠小叮嚀 跟孩子們一起操作，也都要小心安全喔！

·觀看影片·

Recipe 04

巧克力玉米片

難度：★

“簡單到沒有祕訣可以說嘴的簡單，
喜歡甜的螞蟻人，也可以改用牛奶巧克力。”

☑分量

12-15個
（可依個人喜好調整大小）

☑工具

中空圓形模（直徑6cm）
或各式模具

☑食材

苦甜巧克力…250g
玉米脆片…200g
杏仁片…30g
巧克力彩色豆…少許

☑步驟

1 將玉米脆片搗碎（不要太碎），如果是小片的就不用搗。

2 將苦甜巧克力隔水加熱至融化後離火。

3 在融化的巧克力中先混合一半的玉米脆片，再加入杏仁片（保留少許，裝飾用）混合，最後再混入玉米脆片（可依稠度，增減用量），攪拌均勻。

4 利用湯匙將**步驟**3的脆片放入模具裡（厚薄度可自由調整），再放上巧克力彩色豆或杏仁片做裝飾，放冰箱冷藏約30分鐘至巧克力凝固即可。

2

3

4

Recipe 05

巫婆手指餅乾

難度：★

“跟阿寶一起協力完成的萬聖節餅乾，
她邊捏邊說：「哀額～好像真的！」，超級可愛。”

☑分量
15個

☑烤箱預熱
160度

☑食材
無鹽奶油（室溫軟化）…65g
糖粉…40g
黑糖粉…10g
全蛋…35g
低筋麵粉…130g
杏仁粉…40g
杏仁…15個

☑步驟
1 事先將無鹽奶油放於室溫軟化後，加入過篩的糖粉及黑糖粉，再分次加入蛋液拌勻。

2 低筋麵粉及杏仁粉過篩後，依序加到**步驟1**中，混合均勻成團。

3 烤盤上鋪烘焙紙，先將麵團捏成如手指長的條狀，放到烤盤上。

4 接著將三根指頭與麵團垂直，稍微下壓麵團，並用湯匙前端在麵團突起的位置壓出細紋路，塑形成指節的模樣。最後在麵團前端放上一顆杏仁，做出指甲。

5 將烤盤放進預熱好的烤箱中，用160度烤22分鐘，取出後放涼即完成。

·觀看影片·

Recipe 06

彩色玻璃餅乾

難度：★★

“喜歡什麼樣的裝飾糖都可以，
讓小女孩們都瘋狂的夢幻餅乾。”

分量
5個

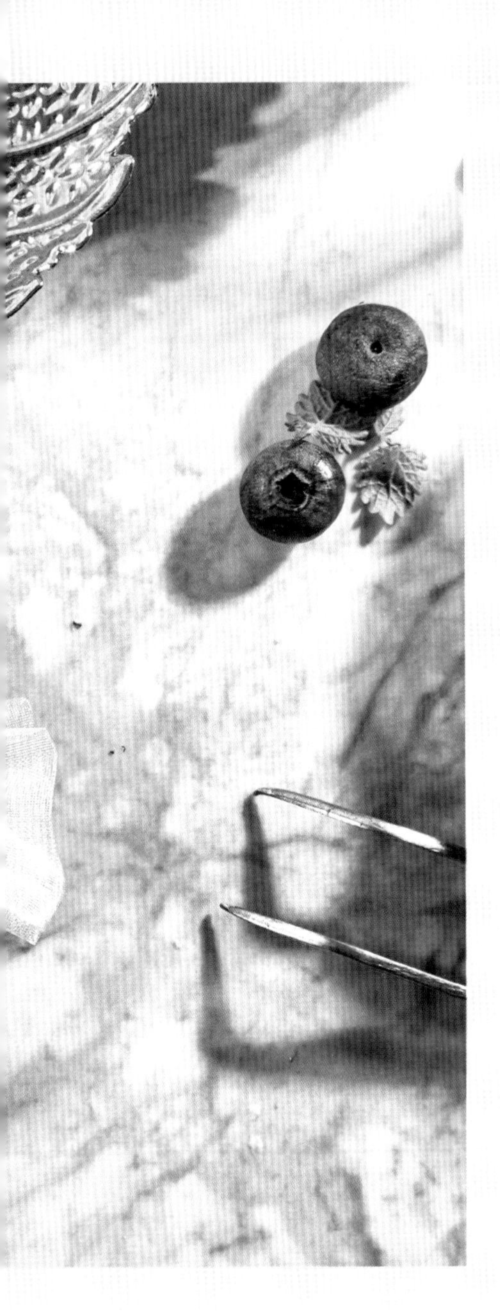

工具
2個不同尺寸的中空圓形模，或各式餅乾模具

烤箱預熱
160度

食材

餅乾
無鹽奶油
（室溫軟化）…100g
糖粉…85g
全蛋液…55g
低筋麵粉…250g

玻璃糖
砂糖…145g
水…30g
玉米糖漿…95g

糖霜
蛋白霜粉…100g
水…100g
糖粉…100g
食用色素（多種顏色）…適量

裝飾
裝飾食用糖…依喜好挑選

☑步驟

● 餅乾

1 將無鹽奶油事先置於室溫軟化後，用電動攪拌器的慢速打發，打到奶油泛白、呈絨毛狀。

2 接著分次加入糖粉拌勻，再分3次加入全蛋液，用打蛋器以畫圓方式拌勻。

3 分次加入過篩的低筋麵粉，用刮刀壓拌均勻。

4 將拌勻的麵團用保鮮膜包覆，放入冰箱冷藏20分鐘。

5 烤盤鋪上烘焙紙備用。麵團取出後，用擀麵棍擀平至約0.5-0.7cm厚，再用兩個相同形狀、不同尺寸的模具，壓出中空的形狀。

6 將麵團壓成同等大小的中空形狀後，排列到烤盤上。放進預熱好的烤箱中，用160度烤12-15分鐘，取出放涼備用。

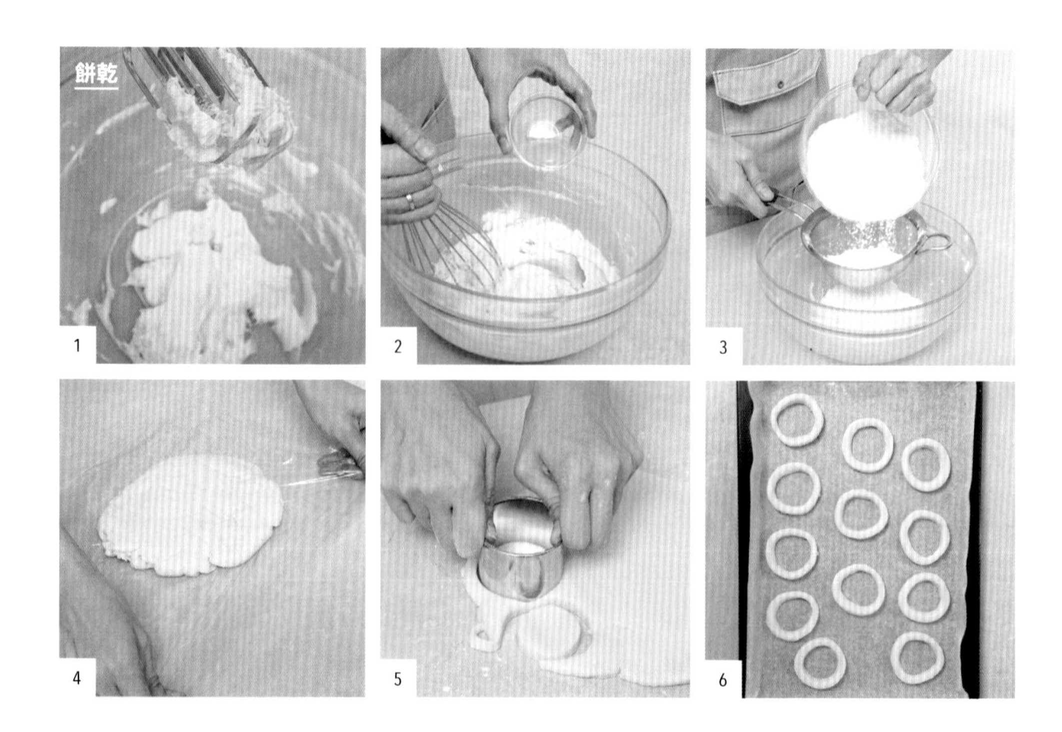

● 糖霜

1 將蛋白霜粉加水，用電動攪拌器打到7分發（約是秋葵的黏稠度），時間約6-7分鐘。接著分3次加入過篩的糖粉，用刮刀翻拌均勻。

2 完成的糖霜呈白色膏狀。如果要做出不同顏色的糖霜，只要用牙籤取一點點的色膏或色粉拌入調色即可。

● 玻璃糖

1 將砂糖、水、玉米糖漿煮滾至120度，中間過程不搖晃鍋子也不做攪拌動作。溫度到達時可先放到冰水中測試玻璃糖是否變硬，變硬即是成功。

2 將煮好的玻璃糖漿倒入餅乾中，盡量鋪薄一點，糖漿才不會因為太重變形。鋪好糖漿後，靜置到玻璃糖完全變硬。

● 組合裝飾

1 在一片餅乾的玻璃糖上擺放裝飾食用糖。

2 於餅乾周圍擠上少許糖霜，用另一塊餅乾黏在一起。完成後可再依喜好畫上糖霜裝飾。

棋惠小叮嚀

準備好不同顏色的糖霜，最後就能在餅乾上做裝飾，讓孩子自由發揮想像力，盡情地畫上圖案吧！

Recipe 07

童趣糖霜餅乾

難度：★★★

“最大的考驗不是做餅乾，而是畫畫，
和小朋友一起邊玩邊做好開心！”

☑分量

14個，依照每個人使用的模型大小而數量不同

☑工具

造型餅乾模

☑烤箱預熱

170度

☑食材

● 餅乾

無鹽奶油（室溫軟化）…100g
糖粉…35g
全蛋…1顆
鹽…少許
香草精…2g
低筋麵粉…320g

● 糖霜

蛋白霜粉…100g
水…100g
糖粉…100g
食用色素（多種顏色）…適量

· 觀看影片 ·

☑步驟

● 餅乾

1 將無鹽奶油事先放室溫軟化後，依序混合糖粉、全蛋、鹽、香草精，再分2次加入過篩的低筋麵粉拌勻。

2 準備兩張烘焙紙，將麵團夾在中間，用擀麵棍擀平成約0.5-0.7公分厚度，放進冰箱冷藏20分鐘。

3 取出冰過的麵團，用喜歡的模型壓出形狀。
棋惠小祕訣 如果要做來收涎用，可以用吸管在麵團頂端戳一個小洞，之後烤好就可以用紅線串起來。

4 將完成的餅乾放到鋪烘焙紙的烤盤上，放進預熱好的烤箱中，用170度烤10分鐘，取出放涼即可。

● 糖霜

1 將蛋白霜粉加水，用電動攪拌器打到7分發（大約是秋葵的黏稠度），時間約6-7分鐘。

2 接著分3次加入過篩的糖粉，並用刮刀翻拌均勻，完成白色膏狀的糖霜。

3 接著加入適量色素，做出不同顏色的糖霜。色素只要一點點就夠了，建議用牙籤一次沾一點點，慢慢調出喜歡的顏色。完成後放入塑膠袋中備用。

● 組合裝飾

1 剪掉裝有糖霜的塑膠袋尖端，開始在餅乾上畫各種顏色的糖霜。

2 完成後放進烤箱，用60度把糖霜烘乾即可取出。

Recipe 08

派對杯子蛋糕

難度：★★

“小巧的蛋糕擺在派對桌上或送人都好看，
裝進開有小窗的專用盒裡，精緻度立刻提升。”

分量
6個

工具
杯子蛋糕烤模與紙模

烤箱預熱
180度

食材
杯子蛋糕

低筋麵粉…180g
無鋁泡打粉…1小匙
全蛋…3顆
砂糖…100g
植物油…90g
牛奶…15g
香草精…少許

奶油糖霜

砂糖…130g
水…100g
蛋黃…4顆
無鹽奶油（室溫軟化）…150g
食用色素（多種顏色）…適量

裝飾

巧克力米…適量
棉花糖…適量

步驟
杯子蛋糕

1 過篩低筋麵粉、無鋁泡打粉，備用。

2 先用電動攪拌器打發全蛋2分鐘，之後一邊打發，一邊分次加入砂糖、植物油、牛奶。

3 接著加入**步驟1**的粉類，用刮刀以翻拌的方式混勻後，加入香草精混合。

4 將紙模放入烤模中，裝入麵糊約七分滿，把烤模放在桌上輕敲震出空氣，放進預熱好的烤箱中，用180度烤16分鐘，取出放涼即可。

奶油糖霜

1 備一小鍋放入砂糖、水，開小火煮。不需要做任何攪拌動作，放著就好。

2 用電動攪拌器高速打發蛋黃2分鐘，待糖水煮到114度後，倒入蛋黃中。

3 此時改低速打發，並分次加入放室溫回軟的無鹽奶油，打到均勻即可。

4 如果要做出不同顏色的奶油糖霜，就用牙籤加入一點點色素調出喜歡的顏色。

組合裝飾

1 將杯子蛋糕上方不平整的部分切成平面。

2 把奶油糖霜裝入擠花袋中，並套上不同形狀的花嘴，在杯子蛋糕上擠出造型。

3 再依個人喜好用巧克力米、棉花糖裝飾杯子蛋糕即完成。

Finger Family 蛋糕

難度：★★★

“同時享用戚風和手指餅乾的口感，
王冠般華麗的外型，吸睛度100分！”

☑分量

1個

☑工具

6吋蛋糕模

☑烤箱預熱

手指餅乾：180度
蛋糕體：160度

☑食材

● 手指餅乾

蛋黃…3顆
砂糖Ⓐ…12g
低筋麵粉…50g
蛋白…3顆
砂糖Ⓑ…50g
糖粉…適量

● 蛋糕體

蛋黃…3顆
植物油…52g
牛奶…52g
低筋麵粉…52g
蛋白…3顆
砂糖…50g

● 打發鮮奶油

鮮奶油…200g
砂糖…20g

● 裝飾

藍莓…1盒
奇異果…1顆
薄荷葉…2株
緞帶…一長條（可圍住6吋蛋糕）

☑步驟

●手指餅乾

1 把蛋黃與砂糖Ⓐ混合均勻。

2 加入過篩的低筋麵粉，拌勻。

3 完成質地均勻、滑順的麵糊。

4 用電動攪拌器將蛋白打發，過程中分次加入砂糖Ⓑ，持續打發到用攪拌器提起時，前端形成短尖鉤狀的硬性發泡，即完成蛋白霜。

5 把蛋白霜加入**步驟3**的麵糊中翻拌均勻，裝入擠花袋中。

6 在鋪烘焙紙的烤盤上，將麵糊擠出長條狀。用細篩網於表面均勻撒上糖粉，放入烤箱用180度烤20分鐘，即可取出放涼備用。

蛋糕體

1 將蛋黃、砂糖(從50g中取出少許的量)混合均勻，再分次加入植物油攪拌均勻。接著加入牛奶、過篩低筋麵粉，攪拌均勻成麵糊備用。

2 用電動攪拌器將蛋白打發，過程中分3次加入剩餘的砂糖，持續打發到出現紋路、用攪拌器提起時前端形成短尖鉤狀，即完成蛋白霜。

3 先取約1/3的蛋白霜加到麵糊中，用刮刀輕柔翻拌均勻，再倒回剩下的蛋白霜中，翻拌均勻。

4 輕輕地將翻拌均勻的麵糊倒入烤模中。

5 模具在桌上稍微敲一敲震出空氣，放進預熱好的烤箱中，用160度烤35-40分鐘。

6 烤完後倒扣放涼再脫模，並用蛋糕刀切除蛋糕表面不平整的部分。

打發鮮奶油

1 用電動攪拌器打發鮮奶油（隔著冰塊水），打發的同時分次加入砂糖，打發到碗倒扣時不會流下的程度。放入冰箱冷藏備用。

裝飾組合

1 將蛋糕放到蛋糕轉台上，利用抹刀將打發鮮奶油抹到蛋糕上，從正面到側面，一邊轉動轉台一邊修整，盡量抹勻。

2 接著將手指餅乾一片一片地黏到蛋糕外緣。

3 沿著蛋糕邊緣密密地圍一整圈，盡量挑選長度差不多的手指餅乾。

4 在蛋糕中間鋪上少許藍莓，盡量集中在正中間。

5 外圈再以奇異果點綴，最後擺上薄荷葉、綁上緞帶做裝飾即完成。

焦糖堅果塔

難度：★★

“自己做超人氣的團購甜點，
堅果搭配焦糖，熱量再高都無法拒絕。”

☑分量

8個

☑工具

小型塔模
（尺寸約8×5×2.3cm）

☑烤箱預熱

塔皮：180度

裝飾組合：170度

☑食材

● 塔皮

中筋麵粉…200g

無鹽奶油
（冷藏，切小塊）…100g

鹽…2g

糖粉…5g

全蛋…1顆

● 焦糖堅果&焦糖醬

砂糖…100g

水…40g

鮮奶油（溫）…200g

各式堅果…220g

☑步驟

● 塔皮

1 先將中筋麵粉與無鹽奶油用手抓捏，再加入糖粉、鹽混合，接著分次加入蛋液，揉勻成光滑的麵團後，包覆保鮮膜，放入冰箱冷藏鬆弛至少1小時。

2 桌上撒點手粉，將塔皮取出後用擀麵棍擀平。

3 將塔皮放到塔模上後，與塔模內緣壓合，再用擀麵棍擀斷多餘的塔皮，並用手指將塔皮稍微往上推高（避免烘烤後回縮）。

4 用叉子柄在塔皮邊緣壓出紋路。

5 然後用叉子在塔皮上戳幾個洞。

6 塔皮上鋪一張烘焙紙，裡面鋪滿紅豆（或其他豆類、生米等重物），防止塔皮烤時膨脹變形，放進預熱好的烤箱中，用180度烤25分鐘，取出放涼備用。

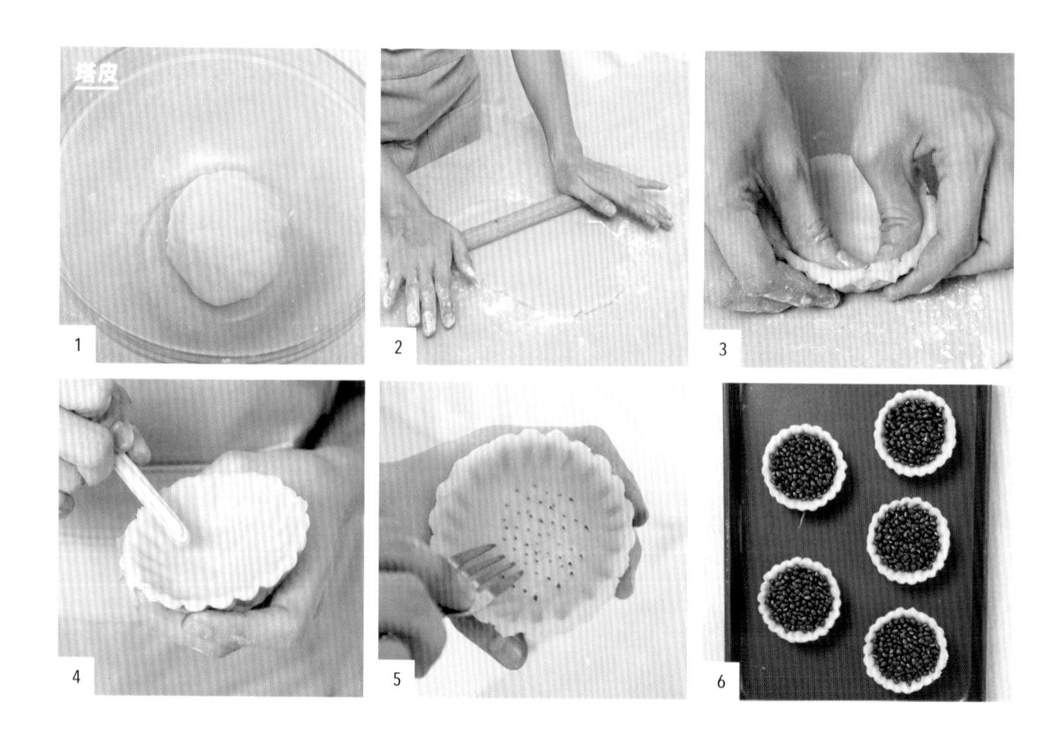

焦糖堅果&焦糖醬

1 備一鍋煮砂糖與水，不要攪拌也不要搖晃鍋子，等鍋子邊緣的糖開始變色後，就要仔細注意。

2 待糖水整個變成琥珀色後，立刻離火，並倒出約一半的量到另一個鍋子裡。

3 其中一鍋糖水立刻倒入鮮奶油，攪拌成稠狀，冷卻後即為焦糖醬。

4 另一鍋糖水混合各式堅果，即為焦糖堅果。

裝飾組合

1 將焦糖堅果趁熱填入塔皮中，放進烤箱用下火170度/上火0度，回烤12分鐘，再改開上下火170度烤3分鐘。

棋惠小叮嚀 如果家裡的烤箱無法調整上下火，可以準備錫箔紙或烘焙紙，鋪上堅果塔覆蓋頂端即可。

2 取出後放涼脫模，淋上焦糖醬即完成。

Recipe 11

鹽之花莓果巧克力

難度：★★

“鹹酸甜苦融合的多層次滋味，
放進嘴中入口即化，比冰淇淋更誘人。”

☑分量

一塊方形（長寬約10公分）
可依個人喜好決定圓球大小

☑食材

苦甜巧克力（鈕扣狀）…200g
鮮奶油…160g
鹽之花…1小匙
乾莓果…10-20g
防潮可可粉（裝飾用）…適量
巧克力米（裝飾用）…適量

☑步驟

1 將鮮奶油加熱至微溫、鍋邊冒小泡的程度後，倒入巧克力中拌勻。如果使用的是大片巧克力磚，必須先將巧克力切碎。

棋惠小祕訣 巧克力跟鮮奶油的量，可以根據個人喜好調整，不過，鮮奶油的量不建議多過巧克力，否則會很難凝固。

2 接著加入鹽之花，用調理棒打到質地細緻（也可以用打蛋器持續攪拌）。

3 用烘焙紙或鋁箔紙摺出一個約10公分大小的方形容器，把步驟2倒入後，冷凍約2小時至凝固（微軟狀態）。

4 取出後用小湯匙挖小球，中間包入乾莓果，用兩支湯匙輪流轉動巧克力，把巧克力滾圓（這邊動作要快），最後裹上可可粉或黏巧克力米，並點綴鹽之花即完成。

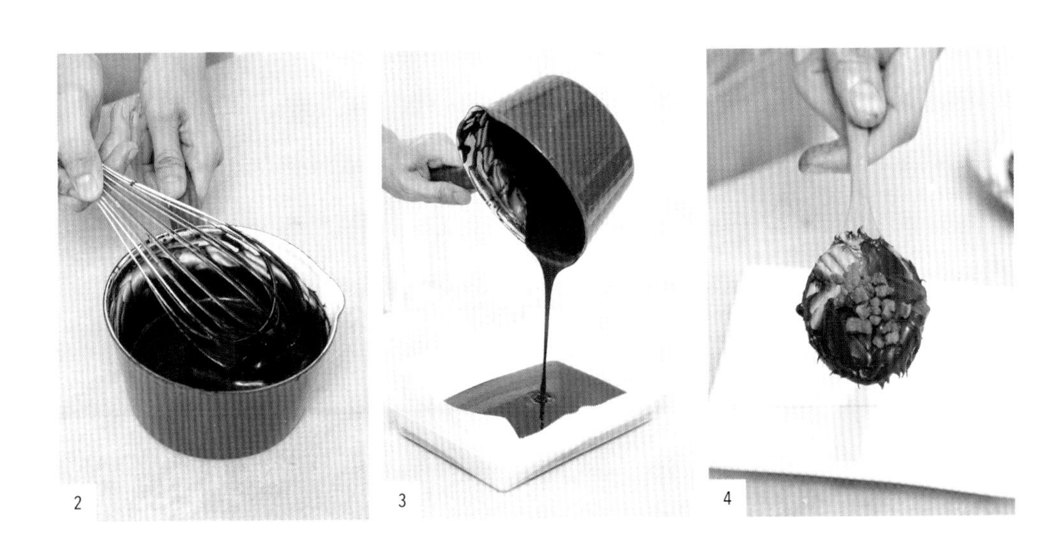
2 3 4

Recipe 12

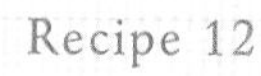

馬林糖

難度：★★

“馬林糖除了經典的圓錐狀，
自由變化不同顏色、造型也很有趣。”

☑分量

約30個

☑食材

蛋白…2顆
糖粉…90g
醋…2滴
食用色素…適量

☑步驟

1 將蛋白與醋、糖粉，隔水加熱（不可超過50度）混合後，用電動攪拌器高速打發成短鉤狀的硬性發泡、表面光滑發亮，即製成蛋白糖霜。
棋惠小叮嚀 加熱到熱水部分有點微起泡，蛋白、醋、糖粉溶合在一起，用手指觸摸大概是洗澡的熱水溫度，即可拿起來打發成硬性發泡。

2 選擇喜歡的色素顏色跟花嘴形狀，把色素用牙籤沾一點點加到蛋白糖霜中調色。
棋惠小叮嚀 每次添加色素都要用新的牙籤，不可以沾過蛋白糖霜又拿回去沾色素。混色時力道盡量輕柔，以免蛋白霜消泡。

3 如果想要做出不同顏色交錯的感覺，可以將擠花袋反折，用水彩筆沾色素在擠花袋內側畫直線，不同顏色間要保留適當間隔（色素要先另外取一點到紙上再沾）。

4 將蛋白糖霜裝入擠花袋中。

5 在烤盤上鋪一張烘焙紙，開始擠。擠出來的每個大小盡量一致，烘烤的熟度才會平均。

6 烤箱設定90度，低溫烘烤2小時以上，直到整體變酥脆、不黏手即完成。
棋惠小叮嚀 烘馬林糖的時間溫度，需要視當天蛋白霜的狀態、自家烤箱情況調整，溫度太低容易烤不乾，太高表面會有裂痕。

·觀看影片·

台灣廣廈 國際出版集團
Taiwan Mansion International Group

國家圖書館出版品預行編目（CIP）資料

棋惠的手感烘焙：神手媽媽的烘焙筆記，50道零基礎也學得會的麵包×餅乾×塔派×蛋糕 / 張棋惠著. -- 初版. -- 新北市：台灣廣廈, 2019.12
面； 公分
ISBN 978-986-130-447-2(平裝)
1.點心食譜

427.16 108016380

棋惠的手感烘焙

神手媽媽的烘焙筆記，50道零基礎也學得會的麵包×餅乾×塔派×蛋糕

作 者／張棋惠
攝 影／泰坦攝影工作室
製作協力／庫立馬媒體科技股份有限公司
--料理123
經紀統籌／羅悅嘉
妝 髮／彭紀瑩

編輯中心編輯長／張秀環
編輯／許秀妃・蔡沐晨
美術設計／TODAY STUDIO
製版・印刷・裝訂／東豪・弼聖・秉成

行企研發中心總監／陳冠蒨
媒體公關組／陳柔彣
整合行銷組／陳宜鈴
綜合業務組／何欣穎

發 行 人／江媛珍
法律顧問／第一國際法律事務所 余淑杏律師・北辰著作權事務所 蕭雄淋律師
出 版／台灣廣廈
發 行／台灣廣廈有聲圖書有限公司
地址：新北市235中和區中山路二段359巷7號2樓
電話：（886）2-2225-5777・傳真：（886）2-2225-8052

代理印務・全球總經銷／知遠文化事業有限公司
地址：新北市222深坑區北深路三段155巷25號5樓
電話：（886）2-2664-8800・傳真：（886）2-2664-8801
網址：www.booknews.com.tw（博訊書網）
郵政劃撥／劃撥帳號：18836722
劃撥戶名：知遠文化事業有限公司（※單次購書金額未達500元，請另付60元郵資。）

■出版日期：2019年12月
ISBN：978-986-130-447-2